普洱茶加工学

张春花　陶　忠　单治国◎主编

中国商业出版社

图书在版编目（CIP）数据

普洱茶加工学 / 张春花，陶忠，单治国主编．
北京 ： 中国商业出版社，2025．8．-- ISBN 978-7-5208-3209-0

Ⅰ．TS272.5

中国国家版本馆CIP数据核字第2024BU1379号

责任编辑：聂立芳
策划编辑：张　盈

中国商业出版社出版发行
（www.zgsycb.com　100053　北京广安门内报国寺1号）
总编室：010-63180647　　编辑室：010-63033100
发行部：010-83120835/8286
新华书店经销
三河市悦鑫印务有限公司印刷
*
710毫米×1000毫米　16开　10.5印张　188千字
2025年8月第1版　2025年8月第1次印刷
定价：78.00元
* * * *

前言

PREFACE

在博大精深的中华茶文化中，普洱茶以其独特的陈香滋味及保健功能而独树一帜。随着人们对健康生活品质追求的不断提高，普洱茶作为一种健康饮品，受到了越来越广泛的关注。《普洱茶加工学》一书的编写，旨在系统梳理普洱茶的相关知识，深入探讨其加工技术与品质形成机理，以期为普洱茶产业的发展提供理论支持和实践指导。

为了促进普洱茶文化的传承与创新，推动普洱茶产业的可持续发展，希望通过本书，让读者更加深入地了解普洱茶的历史渊源、文化内涵、化学成分、保健作用以及加工贮藏等方面的知识，从而增强消费者对普洱茶的认同感和品鉴能力。

本书涵盖了普洱茶的概念、历史、加工技术以及制品等多个方面的内容。首先介绍了普洱茶的基本概念和悠久历史，深入探讨了普洱茶庄在茶文化中的重要地位。其次，从生物学和化学的角度对普洱茶加工过程进行了详细分析，揭示了普洱茶独特风味的形成机理。在加工技术方面，本书详细阐述了普洱茶的原料加工和成品加工技术，包括鲜叶的采摘、验收、杀青、揉捻等环节，以及普洱茶的发酵、压制和干燥等关键技术。此外，还特别关注了普洱茶的质量安全控制体系，从原料到成品，从加工到储存，每一个环节都严格把控。最后，本书介绍了各种普洱茶加工制品，如散茶、紧压茶等，展现了普洱茶的多样性和丰富性。通过本书的阅读，读者可以全面了解普洱茶的历史渊源、文化内涵、加工技术以及制品特色，深刻感受普洱茶的韵味与魅力。

在本书的创作过程中参考了相关领域的诸多著作、论文、研究资料等，引用了部分文献和相关资料，在此表示诚挚的谢意。同时，也要感谢广大普洱茶爱好者和从业者，正是他们的热情和支持，推动了普洱茶文化的传承与发展。希望本书能够为大家了解普洱茶提供有益参考。由于作者水平有限，书中内容难免有疏漏不妥之处，敬请广大读者批评指正。

作　者

2024 年 3 月

目 录

CONTENTS

第一章 普洱茶概况……1

第一节 普洱茶的概念……1

第二节 普洱茶在国内外的产业发展现状……3

第三节 普洱茶产业的革新与发展……12

第四节 普洱茶产业的未来发展前景……16

第二章 普洱茶加工的生物学与化学分析……22

第一节 普洱茶加工过程的生物学分析……22

第二节 普洱茶的化学成分分析……29

第三节 茶叶加工中化学成分的变化分析……63

第三章 普洱茶原料的加工……74

第一节 加工普洱茶的鲜叶……74

第二节 鲜叶的验收及摊晾……86

第三节 杀青……89

第四节 揉捻……92

第五节 解块和干燥……94

第四章　普洱茶加工……97
第一节　普洱熟茶散茶的加工……97
第二节　普洱紧压茶（熟茶）的加工……101
第三节　普洱生茶的加工……105
第四节　普洱茶的质量安全控制体系……110

第五章　普洱茶加工制品……124
第一节　普洱茶制品……124
第二节　常见的普洱茶加工制品……136

参考文献……160

第一章　普洱茶概况

第一节　普洱茶的概念

一、普洱茶的定义

普洱茶是云南的传统历史名茶，是云南省特有的国家地理标志产品，具有独特的品质特征与保健功效。根据《地理标志产品　普洱茶》（GB/T 22111—2008）中的定义，普洱茶是以地理标志保护范围内的云南大叶种晒青茶为原料，并在地理标志保护范围内采用特定的加工工艺制成的，具有独特品质特征的茶叶。普洱茶地理标志保护区域是指云南省昆明市、普洱市、临沧市、保山市、玉溪市、西双版纳傣族自治州、大理白族自治州、德宏傣族景颇族自治州、楚雄彝族自治州、文山壮族苗族自治州、红河哈尼族彝族自治州共计 11 个市（州）、75 个县（市、区）、639 个乡（镇、街道办事处）的现辖行政区域。

二、普洱茶的类型

从普洱茶的形成途径和发展历史来看，可以比较科学地分成两大部分来认识普洱茶，即传统普洱茶和现代普洱茶。两种不同途径所形成的普洱茶，具有各自的独特品质和文化内涵。从加工工艺和品质特征来看，普洱茶又可分为普洱生茶和普洱熟茶，这也是目前应用最广泛的一种分类方式。此外，从形制特点来看，普洱茶还可分为普洱茶散茶、普洱茶紧压茶（砖茶、饼茶、沱茶）及其深加工产品（茶粉、茶膏等）。

（一）按形成途径及发展历史分类

1．传统普洱茶

传统普洱茶是指云南大叶种茶树鲜叶经杀青、揉捻、日晒等工序制成的大叶种晒青茶，经蒸压后自然干燥并存放一定时间形成的茶品；其品质成因主要是水热作用和自然氧化，特点是汤色呈黄褐色或琥珀色，滋味醇厚回甘，随着存放时间的延长，香气由花香或蜜香逐渐转为陈香或药香。其对应的是《地理标志产品　普洱茶》（GB/T 22111—2008）中的普洱茶（生茶）经一定时间存放陈化后的系列产品。

2．现代普洱茶

现代普洱茶是以云南大叶种晒青茶为原料，经适度潮水、微生物固态发酵形成半成品茶后筛分形成的级号散茶，或重新拼配调和再经蒸压形成砖茶、饼茶、沱茶、柱茶等紧压茶；其品质成因主要是微生物和水热作用，特征是汤色红浓明亮（褐红色或棕红色），滋味甘滑醇厚，香气陈香浓郁（或带干果香、甜香、藕香、木香、药香等），叶底棕红色或褐红色，油润、柔软，匀齐。其对应的是 GB/T 22111—2008 中的普洱熟茶。

（二）按加工工艺及品质特征分类

普洱茶按加工工艺及品质特征，可分为普洱生茶和普洱熟茶两种类型；按外观形态，可分为散茶与紧压茶，其中散茶包含普洱茶（熟茶）散茶、普洱茶（生茶）散茶。紧压茶即普洱茶（生茶、熟茶）紧压茶，外形有圆饼形、碗臼形、方形、柱形等多种形状和规格；按品质特征，普洱茶（生茶、熟茶）散茶分为特级、一级至十级共 11 个级别，其产品关系可结合图 1–1 理解。

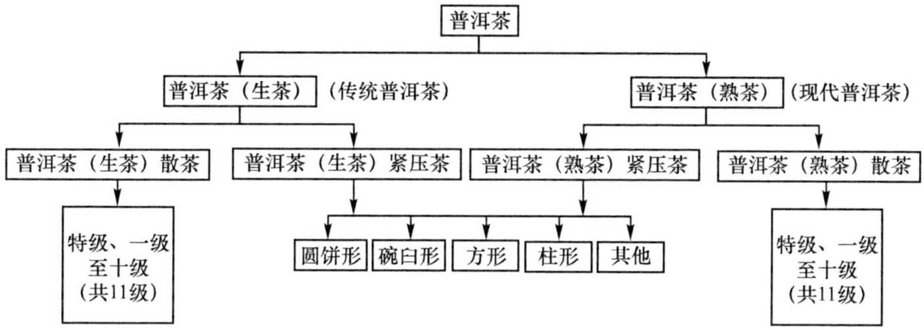

图 1-1　普洱茶产品关系

1．普洱茶（生茶）

普洱茶（生茶）是以地理标志保护范围内的云南大叶种晒青茶为原料，在地理标志保护范围内通过晒青茶精制、蒸压成型、干燥、包装加工而成。

2．普洱茶（熟茶）

普洱茶（熟茶）是以地理标志保护范围内的云南大叶种晒青茶为原料，在地理标志保护范围内适度潮水后，经微生物、酶、湿热、氧化等综合作用发酵而成。普洱茶（熟茶）独有的品质特征为：外形色泽红褐，汤色红浓明亮，香气独特陈香，滋味醇厚回甘，叶底红褐。

第二节　普洱茶在国内外的产业发展现状

随着科技的飞速发展和人民生活品质的持续提升，消费者对普洱茶的需求和期待也在不断变化和提升。普洱茶的营养成分和口感体验，正逐渐成为消费者关注的核心。以提升普洱茶产业的品质与效益、打造绿色生态、满足营养健康需求、保障质量安全为目标，当前普洱茶产业的科技发展正处于由量的积累向质的飞跃转变、由局部突破向全面提升迈进的关键时期。

一、普洱茶在国内的产业发展现状

（一）国内普洱茶市场现状

2021 年，在全国的 18 个主要产茶省份中，云南省的茶园面积高居首位，达到了48.02万公顷。茶产业在云南省的民生经济中占据了重要地位。云南省的茶叶产品种类繁多，包括普洱茶、滇红、滇绿、白茶、花茶等，其中普洱茶和滇红是最主要的茶叶品种。在过去的几年中，普洱茶在全国茶叶公共品牌评选中表现突出。从2016年到2018年，普洱茶连续三年被评为中国茶叶区域公用品牌价值第一。而在2019年至2021年的评选中，普洱茶也连续三年保持第二的位置。特别是在2021年，普洱茶的品牌评估价值高达73.52亿元，品牌收益达到了40 057.96万元。就当前市场情况来看，我国的普洱茶市场已经从炒作狂热逐渐回归理性。茶叶价格开始反映出其实际价值，生产与销售的平衡也相对稳定。市场逐渐走向规范化，大型茶叶品牌已经形成，产业结构持续优化，整体竞争力也在不断提升。总体来看，普洱茶的消费群体正日趋成熟，整个产业展现出健康且蓬勃的发展态势。

（二）国内普洱茶消费市场发展趋势分析

1．普洱茶市场年轻化

目前，茶叶的消费群体正呈现出日益年轻化的趋势，其中“80后”和“90后”人群已经逐渐成为消费的主力军。同时，茶叶的出口量也有望在未来几年实现止跌回升，进一步拓展国际市场。此外，随着越来越多的茶企业进入资本市场，金融对茶产业发展的推动作用日益增强，为普洱茶产业的稳步快速发展提供了有力支持。因此，茶行业的从业者们需要密切关注这些新的趋势和动态，善于利用资本市场的积极因素，以推动产业的持续健康发展。

2．普洱茶市场国际化

进入21世纪，随着我国加入世界贸易组织，茶叶出口在全球经济一体化的推动下，拥有了前所未有的国际市场机会。自2002年起，我国茶叶出口持续增长，茶产业的重要性日益凸显，公众对茶产业的认知也显著提升，这些都为茶产业的发展注入了新动力，提升了茶叶的经济效益，并推动了茶叶出口贸易的繁荣。而作为云南特有的茶叶品种——普洱茶，更是展现出了强劲的发展势头。受我国港澳台地区市场的影响，普洱茶在大陆地区受到了广泛的欢迎，这股热潮为普洱茶的出口提供了巨大的机会。普洱茶在东南亚、欧洲和美洲市场都受到了热烈的追捧。在全球茶叶贸易的激烈竞争中，普洱茶凭借其独特的品质，展现出了明显的竞争优势。因此，面对这一前所未有的发展机遇，我们应当积极促进云南普洱茶的出口增长，增强其出口创汇能力，进一步提升普洱茶的国际竞争力。这些举措对于推动云茶产业的持续健康发展具有重大的战略意义。

3. 普洱茶“期货”特征

当前，普洱茶市场已经出现了期货的特征。在未正式生产之前，部分茶叶已有预售价格。对于投资“普洱茶期货”的人而言，其盈利或亏损往往取决于对市场动态的精准把握。普洱茶的金融属性尽管有助于提高销量，但同时也增大了风险，可能引发信任危机，对普洱茶产业的稳健发展构成威胁。

4. 普洱茶理性收藏

“越陈越香”和“存新茶喝老茶”这两大观念构成了普洱茶收藏市场的基石。收藏市场的繁荣，一方面源于那些热爱普洱茶的茶友，他们因对普洱茶的痴迷而收藏；另一方面也归因于部分茶商的大量囤积，期待在老茶市场供不应求、价格攀升时卖出。然而，收藏市场所追求的并非数量上的积累，而是质量的提升。只有在科学的贮藏条件下，优质的普洱茶才能得以更好的陈化。因此，茶仓的存在显得尤为重要。普洱茶作为一种健康饮品，其本质在于饮用。过度的收藏与交易可能会对市场的可持续发展造成冲击。如何在饮用与收藏之间找到平衡点，是推动云茶产业持续稳定发展的关键所在。

二、普洱茶在国外的产业发展现状

（一）普洱茶在外国人心目中的地位与认知

随着东西方文化交流的日益加深，普洱茶因其别具一格的风味和保健功能逐渐受到国际关注。尽管对于外国人来说，普洱茶起初可能很陌生，但由于其独特性，常常带有一种神秘和吸引人的魅力。为了更全面地了解外国人对普洱茶的看法，我们将对其的普遍印象分为三类，即虽有误解但持积极态度、误解且态度消极、理解准确但态度消极。实际上，外国消费者对普洱茶的认知通常是多方面的，而非单一的。为了更深入地理解并引导消费者的观念，我们对每一个方面都需要进行深入分析和提炼。

1．有些误解可积极引导

（1）普洱茶的价格普遍偏高。对于许多仅略有耳闻但鲜少品尝的消费者而言，他们首先联想到的往往是其高昂的价格。在普洱茶的初步接触者中，认为其价格昂贵的现象确实普遍存在。因此，众多媒体和自媒体在介绍普洱茶时，也常常从这一特点入手。然而，对于“贵”的定义，其实因人而异，它受到个人的消费预期、经济能力以及饮茶习惯等多重因素的影响。

（2）普洱茶常被描绘为一种深奥难懂的茶品，似乎只有经验丰富的茶客才有资格和机会去品味。对于许多海外的消费者来说，普洱茶是一种珍稀的茶，只有那些对茶叶有深入研究且具备高度鉴赏能力的人才能品尝出其韵味。这种描述突出了普洱茶的稀有性。由于西方对黑茶的认知相对较少，普洱茶往往被误认为是唯一经过微生物发酵的茶类、唯一的黑茶代表。

（3）普洱茶的年份被看作决定其价值的关键因素。在多数人的认知中，普洱茶与其他茶类的显著区别在于其能够长时间储存陈化。这种特性使得普洱茶在价值和稀有性方面得到了独特的提升，与其高昂的价格认知形成了相互印证的逻辑。消费者常常会将普洱茶的陈年潜力与葡萄酒的陈放能力及伴随的升值空间进行比较，以进一步巩固这一观念。

（4）普洱茶在国外因其健康益处而广受赞誉，其中熟茶尤其受到关注。人们常常将普洱茶视为一种具有减肥效果、预防癌症以及美容功效的茶饮。此外，普洱茶还常被赋予神秘和玄学的色彩，被认为能够带来精神的愉悦和心灵治愈效果。然而，虽然普洱茶确实具有养生功效，但它仍是一种健康饮品，不应被视为保健品或药品的替代品。消费者应当理性看待其健康作用，避免过度夸大。

（5）普洱茶在国外常被视为中国历史上最悠久且最具特色的茶品。许多外国人认为，普洱茶不仅代表着中国茶文化的精髓，还承载着一段段富有传奇色彩的历史。例如，有关普洱茶古树茶的寻找与发现，以及那些与古老茶叶相关的失而复得的故事，都为其增添了浓厚的神秘色彩。当人们提及品饮普洱茶所带来的独特体验时，往往会联想到这种充满东方浪漫与诗意的情感享受。

从上述几点来看，国外消费者对普洱茶的认知虽然存在误差，但并非凭空捏造。大多数情况是基于事实的夸大。尽管这些认知存在误区，但它们对于普洱茶的发展和市场推广都具有一定的积极作用。因此，在宣传普洱茶时，如果能够巧妙利用这些已存在的消费者认知，并结合历史和科学知识进行正确引导，将对整个茶产业产生积极的影响。这要求我们在宣传策略上既要注重创新，又要真实，以实现行业的长远发展。

强调普洱茶的高昂价格和稀有性，可以触发奢侈品市场常见的凡勃伦效应和虚荣效应。在这两种效应下，消费者因与产品建立联系而感到自豪，价格不仅不会抑制消费，反而成为吸引消费者的重要因素。在这种思维模式下，对普洱茶的认知和消费成了展示财富、社会地位、品位或智慧的手段。因此，如果能够妥善引导这种心理，产生从众效应，可以激发更多消费者的购买欲望，从而进一步拓展市场。

将普洱茶与葡萄酒进行类比，可以有效地降低国外消费者对普洱茶的认知“门槛”，减少他们了解这一茶品所需的时间成本。这种类比方式还能帮助消费者更容易地建立起对普洱茶的价值期望，从而支持其定价逻辑。在当今社会，美丽与健康已成为消费者追求的重要目标。与国内将养生与老年人紧密联系的观念不同，从近年来抹茶在欧美国家的流行来看，养生在其他国家更多地与美丽、时尚的生活方式相结合，符合现代人追求积极、高效的生活理念。因此，在推广普洱茶时，可以强调其美丽与健康的双重功效，以吸引更多国外消费者的关注和喜爱。

2．有些误解需要澄清

（1）新茶并不适宜直接饮用，这是国外消费者对普洱茶的一个常见误解。这种错误认知与普洱茶随时间增值的观念紧密相连，是对同一逻辑的逆向应用。与认为普洱茶的价值会随年份增长而提高的正面认知不同，新茶不宜饮用的观念可能导致消费者对新茶产生抵触情绪。这不仅降低了消费者购买新茶的意愿，还可能无端延长产品的销售周期，使需求进一步向老茶倾斜，导致价格与供需关系失衡。

在营销过程中，消费者对新茶何时可饮用的疑虑会增加销售链中的信息沟通成本。产品信息的复杂性可能降低消费者的购买热情和信心，使普洱茶始终局限于小众饮品市场。因此，我们需要澄清这一误解，引导消费者正确认识新茶，以促进普洱茶被广泛接受和其市场发展。

（2）普洱茶，特别是熟茶，在冲泡前需要进行“洗茶”的步骤，这在中国的工夫茶文化中是一个常见的做法。然而，这一步骤在外国人眼中往往被误解为是为了清洗茶叶，确保其在生产和运输过程中的卫生状况。尽管许多热爱茶叶的人声称他们并不介意这一步骤，甚至将其视为自己茶叶热爱的象征，但这种误解实际上对普洱茶的广泛传播构成了障碍。

认为茶叶需要“洗”才能饮用的观念，可能会使消费者质疑茶叶的卫生状况和生产过程中的管理质量，让潜在消费者望而却步。因此，我们需要澄清这一误解，解释“洗茶”步骤的实际意义是为了唤醒茶叶的味道，而非清洗茶叶本身，从而消除消费者的疑虑，促进普洱茶的市场发展。

（3）熟茶并非生茶人工做陈的产物，这是国外普洱茶消费者中普遍且根深蒂固的误解。这种错误认知对普洱茶产生了以下负面影响：

①这种误解源于一种错误的陈述，即熟茶是为了满足对陈年生茶的需求而制作的。在国外茶友的观念中，熟茶是为了模仿陈年生茶而诞生的，是与新鲜普洱、干仓普洱、湿仓普洱并列的第四种普洱，可以看作速成普洱。

②这种误解简单地将熟茶与生茶区分为低品质茶与高品质茶。由于熟茶被视为仿制品，因此被认为无法超越更正宗的普洱茶，即生茶。

③这种生茶与熟茶之间的错误联系还默认了另一个错误概念，即生茶最终会变成熟茶。熟茶通过渥堆工艺模拟了生茶陈放的时间，而生茶陈放过程中的时间积累被认为与熟茶渥堆效果相同。这种误解导致国外茶友对普洱茶的制作、存储和滋味变化等细节产生了混淆。

④这种误解还为湿仓存储提供了理论基础。在这个误解中，湿仓与熟茶的主要区别在于人工辅助做陈的程度不同。因此，湿仓存放被认为是制作熟茶的一个环节。

⑤基于这一误解，外国茶友还得出结论：熟茶由于已经“提前陈化”，其陈化潜力比生茶低。因此，熟茶不宜存放过久，应及时饮用以充分利用渥堆效果所达到的陈化节点。尽管普洱茶陈化的许多细节仍需研究，但基于这种错误假设的普洱茶陈化理论是不科学的。

3．提高价格透明度，打造优秀品牌

（1）普洱茶的定价机制不够明确，这是国外消费者对普洱茶的一个主要负面认知。价格的波动性和不透明性增加了消费者的购买“门槛”，使得许多不愿花费过多时间和精力进行研究的潜在消费者望而却步。在美国，消费者对于咖啡的价格区间有着清晰的认知：普通咖啡通常在 3 ～ 5 美元，而特色咖啡可能售价为 7 美元。这种小幅度的价格差异使得消费者更愿意尝试不同的产品。

相比之下，普洱茶的市场价格区间差异较大，从几美元到几十美元一泡（按7克计算）不等。虽然葡萄酒也存在价格波动，但由于葡萄酒文化中对价格差异的合理性和品质因素的默认信任，消费者更容易接受。在普洱茶的市场中，由于这种文化环境尚未形成，导致价格的巨大差异成为市场发展的障碍。为了推动普洱茶在国外的市场发展，我们需要提高价格的透明度，建立消费者对价格与品质之间关系的信任。通过明确的定价机制和文化推广，降低消费者的购买"门槛"，吸引更多潜在消费者尝试并喜爱普洱茶。

（2）普洱茶市场面临着激烈的竞争环境。如同其他商品一样，普洱茶的价格也会受到市场供求关系、经济环境、消费预期以及竞争业态等多种因素的影响，呈现出波动和变化。因此，如何正确把握普洱茶市场的发展态势、如何精准定位并打造自己的品牌，成为普洱茶行业从业者需要面对和解决的重要问题。为了在这个竞争激烈的市场中立足，普洱茶行业的从业者们需要坚持走高质量发展、品牌化、跨越式发展的道路，共同努力，推动普洱茶市场的良性竞争，促进市场的全面建设和发展，为普洱茶的未来发展奠定坚实的基础。

（二）普洱茶在国外的消费者群体分布

1. 已习惯喝茶的消费者

在国外，已经习惯于喝茶的人群是最为热衷于探索新茶饮的消费群体，他们更愿意尝试和接纳普洱茶。根据2020年的一份问卷调查结果显示，有2%的饮茶者明确表示只喝普洱茶，13%的消费者特别偏爱普洱茶，而53%的饮茶者则将普洱茶视为他们众多茶饮选择中的一种，并没有特别的偏爱。

值得注意的是，在国外喝茶的人群中，由于对于花果茶和调饮茶与六大茶类的区分并不十分明确，因此许多人对于苦涩味道可能会比较敏感。普洱茶作为一种味道浓郁且苦涩味较重的茶叶，会让喝惯了花果茶和调饮茶的消费者感到不适应。还有一些消费者是从喝咖啡转向喝茶的，可能会觉得绿茶、乌龙茶等茶叶缺乏足够的刺激性，而被普洱茶的复杂口感和浓烈强度深深吸引。这表明，虽然普洱茶在国外的市场中面临一些挑战，但仍有很大的潜力吸引不同类型的消费者。

2．文化型消费者

通过对众多国外茶叶消费者的深入调查，我们发现，除了茶叶的色泽、香气和口感等感官体验外，普洱茶的历史与文化背景同样成了吸引消费者的关键因素，包括对普洱茶发展历程的兴趣，以及对云南独特民族文化的探索，甚至延伸到对中国历史与文化的热爱。

在这种文化框架下，东方主义的浪漫化元素也悄然显现。普洱茶的神秘韵味、古老茶树的岁月痕迹，以及少数民族所保持的原生态生活方式、自然理念和内在能量等概念，都与现代人的追求高度契合。有调查结果显示，有一部分国外消费者将普洱茶视为现代精神生活的重要组成部分。这意味着，除了味觉上的享受，普洱茶还能为消费者提供一种心灵上的满足和愉悦体验。

3．美食家与葡萄酒消费者

这类消费者对于味觉和嗅觉的追求极高，对食物的滋味有着极高的要求和鉴赏力，愿意投入大量的精力和金钱来寻找和品尝他们认为独特而美味的食物。普洱茶因其独特的滋味和复杂而平衡的口感，恰好符合这类消费者的品位。他们在分析普洱茶时，往往会借鉴品鉴其他高级食品和葡萄酒时所积累的经验和概念，特别强调茶叶的产地和制作工艺。

对于这类消费者来说，他们已经习惯于在饮食上花费大量金钱，因此普洱茶的高价并不会成为他们消费的障碍，反而可能会激发他们的购买兴趣。他们用滋味衡量食物的价值，善于通过主观感觉（如味觉和嗅觉）来分辨食物滋味的细微差别，对自己的判断力充满自信，不容易受到营销概念的影响。

然而，这个消费群体给海外普洱茶销售也带来了一定的压力。如果普洱茶的质量和价格不能达到他们的期望，他们可能会失去兴趣，转而寻找其他更符合他们品位的产品。因此，对于销售普洱茶的企业来说，了解并满足这类消费者的需求，提供高质量且价格合理的产品，是保持他们兴趣并扩大市场份额的关键。

（三）普洱茶在国外的消费模式

由于普洱茶在国外还没有进入主流市场，所以普洱茶销售以小商户为主，还有很多从消费者变成经营者的情况。国外经营网店十分容易，因此兼职在网上卖茶的人很多，而消费者也颇为习惯从网上购买普洱茶。缺少标杆性企业是导致普洱茶定价混乱的原因之一。普洱茶的货源可以分为三类：国内知名品牌的倒手再卖、国内不知名品牌的倒手再卖和自有品牌。但是随着消费者有能力在国外进行国内品牌普洱茶的价格比较，倒卖知名品牌普洱茶就失去了价格优势，逐渐少见。像中茶、大益、下关等茶厂的普洱茶，由于国外售卖者并不是经销商，而只是把零售买来的茶转手卖掉，因此很多新茶便没有什么利润，但是陈年的普洱茶却可以有比较大的定价空间，也符合国外普洱茶消费者的需求，因此更受欢迎。

国内销售的普洱茶五花八门，一些在网上不容易搜到的普洱茶产品在国外更容易赚差价。这是因为近些年越来越多的经营者都使用自己的品牌售卖普洱茶，而这些经营者销售的茶产品大都原材料来源不详，加之海外普洱茶市场又完全不了解鲜叶价格和普洱茶的生产链，就很容易导致价格混乱。

普洱茶的神秘色彩让很多消费者看人买茶，坚信人对了，茶就对了。调查结果显示，除了产地，对卖家的信任度是最主要的消费因素。在缺少标杆品牌的现状中，这种消费信任常常是建立在对卖家个人的信任之上的。很多卖家都作为个体活跃在一些与茶相关的论坛和自媒体渠道，并经常输出普洱茶相关信息。而这些信息就是国外消费者对普洱茶了解的主要来源。外国消费者对普洱茶的认知基本上都来自普洱茶卖家的输出，这也是信息混乱的主要原因。

（四）普洱茶在国外的未来发展态势

尽管普洱茶在国际上的知名度近年来有所提升，但它在全球范围内仍然被视为一种小众饮品。在一些茶饮文化相对薄弱的国家，普洱茶的影响力更是有限。目前，普洱茶主要局限于特定的亚文化圈层内受到追捧，但这种亚文化圈内的热衷并未能有效地推动普洱茶向更广泛的大众市场渗透，这种局限性可能会对普洱茶的未来发展构成一定的挑战。

从 2015 年开始，抹茶在美国市场急速流行，从原本与普洱茶一样缺乏关注度发展到今天，成为和咖啡同样具有竞争力的含咖啡因饮料。这个过程中有很多经验都是普洱茶可以参照的。抹茶也是历史悠久、文化印记深厚的茶类饮品。但是它在走向美国大众市场的过程中弱化了这个文化印记，而强调了抹茶的健康作用以及比咖啡更舒适的咖啡因反应。普洱茶信息的复杂和混乱是其在国外发展的不利因素。因此，要在信息传递时主次有序，用简化的信息赢得消费者的注意力。

传统的抹茶饮用过程复杂，非常不适合现代人的生活节奏。在打入流行饮品市场的过程中，抹茶找到了类似咖啡模式的替代调饮——抹茶拿铁。加上健康喜人的奶绿颜色，抹茶得以让消费者在适度熟悉的文化中感受到新奇，迅速锁定了现代、健康、时尚的定位。

普洱茶作为清饮，与咖啡市场的主要竞争力只是停留在健康和换一种咖啡因这两个概念上。又或者，普洱茶的目标市场与葡萄酒的更为相似，产地、品种、树龄、工艺、贮藏转化，这些都是两个饮品中可以一一对应的概念。当普洱茶可以在信息层面（产地划分与保护、品质监管、防伪机制）以及价格与价值之间建立起与葡萄酒一样的高信用度时，完全有可能凭借滋味和口感上的复杂性成为替代葡萄酒的非酒精类饮料。

普洱茶想要打开国际市场还需要专业又多样化的人才。无论是葡萄酒还是咖啡行业，除了需要走在产品一线、对饮品本身具有了解的专业人才，也需要很多遍及战略、营销、市场、媒体等多方面的专业型人才。这样庞大有序的人才梯队是一个行业兴起的必要条件，也是一个行业成熟的象征。

普洱茶在国外虽然没有爆发式的发展，却在不断地走向主流市场。这个酝酿的过程中，需要厘清普洱茶走向国际市场的切入点，精准取舍，才能抢占话语权，蓄势而发。

第三节　普洱茶产业的革新与发展

随着对普洱茶品质控制机制研究的不断深化，传统普洱茶行业正在与科技紧密结合，踏上了现代化的发展道路。新品种的培育、新工艺的研发、新设备的引入以及新技术的应用，都为普洱茶注入了新的活力，使其呈现出更为丰富的风味、更多的功能、更高的数字化程度、更智能的生产方式、更科技的包装手段、更深厚的文化内涵、更养生的价值体现、更科学的研究方法以及更响亮的品牌声誉。普洱茶行业正逐步迈向一个全新的时代，展现出前所未有的发展潜力和魅力。

（一）普洱茶的风味

随着普洱茶风味化学和品质化学研究的深入，不同品种、不同地区或山头、不同陈化年份、不同级别，乃至不同微生物菌种发酵等因子所导致的普洱茶产品风味变化差异逐渐被揭示，其内在的调控机制也逐渐被探明。基于此，通过品种选育、原料优选、工艺改进、拼配精制和有益菌应用发酵等特定技术的应用，能够使普洱茶中富集某些特定的风味物质，从而实现普洱茶的风味定向化生产，这也是普洱茶发展的主流趋势之一。

在原料选择和加工工艺改进方面，基于云南丰富而独特的茶树种质资源，加强特色风味茶树品种的优选优育工作，进一步强化品种优势和品种特色，为风味普洱的多元化发展提供优良且多样的种质资源基础；根据不同品种茶树鲜叶内含风味前体物质的基础差异，调整制订出更加适宜特定品种的加工方案；通过调整普洱茶加工过程中的技术参数，或通过拼配等精制技术的优化与精进，更进一步凸显不同品系、不同山头茶树原料加工而成的普洱茶特色风味（如花香型、蜜香型、果香型、清香型等），从而使普洱茶的风味类型多样化。

在特定技术的应用方面，基于普洱茶微生物固态发酵过程中微生物群落结构的多样性，以及不同菌种适宜生长条件与代谢产物和催化作用的不同，调控普洱茶发酵过程中的优势作用微生物菌群，促进普洱茶在发酵过程中风味物质的定向变化，从而形成具有特定风味的普洱茶，如陈香型、药香型、枣香型、樟香型、曲香型、荷香型、木香型、甜醇型等。目前周红杰名师工作室团队已成功应用黑曲霉发酵获得陈香独特、滋味醇厚甘滑的普洱茶；应用酵母菌发酵获得陈香透花香、滋味醇和回甘的普洱茶；应用根霉菌发酵获得陈香馥郁、滋味醇和清爽的普洱茶；应用红曲霉发酵获得曲酯香独特、滋味醇厚甜活的普洱茶等。

（二）普洱茶的功能

大量的基础研究数据充分证实，普洱茶中茶多酚、氨基酸、茶色素、茶多糖等多种物质具有显著的保健功效，同时其作用机理更加明晰。功能普洱茶的实现主要通过品种选育、工艺控制等手段提高普洱茶中的功能成分，达到对人体的养生目的，如：增强机体免疫能力，提高免疫功能；调节神经系统、消化功能，促进机体生态平衡；预防高血压、高血脂、高血糖；延缓衰老，保健美容，增强体质等。通过特色茶树种质资源筛选、特殊茶树品种选育手段，培育出低咖啡因、高茶多酚、高氨基酸、高花青素（代表性产品：紫娟茶）等茶树品种；通过特殊工艺控制，包括物理处理方法调控（如 GABA 茶）、微生物处理方法调控（如 LVTP 茶）、酶处理方法调控等实现保健功能定向化新型产品开发，如降脂功能普洱、降压功能普洱、降糖功能普洱、抗癌功能普洱、抗衰老功能普洱、抗抑郁功能普洱、养胃功能普洱、降酸功能普洱等。

（三）普洱茶数字化

普洱茶数字化体系是指通过技术创新，应用有益菌进行发酵或应用新工艺技术，精准调控普洱茶内所含成分的含量，生产出品质特征鲜明、某种功能活性成分含量较高、具有定向风味或养生功效的新型普洱茶，是普洱茶的标准数字化体系的综合体现。

（四）普洱茶科技创新

普洱茶的科技创新涵盖了从茶园管理到最终茶杯中的每一个环节，运用先进、标准化的科技创新设备和技术手段，确保普洱茶在加工生产过程中的品质稳定与提升。这种科技化的方法，通过对普洱茶加工技术的深入研究，实现了对茶叶中有效成分的精准调控与重组，不仅增强了普洱茶的功能性，还显著提升了其品质。这是基于 20 年来对云南普洱茶熟茶的研究与探索，体现了技术创新在推动普洱茶产业发展中的重要作用。

（1）茶园管理标准化。通过茶园管理系统化、茶树种质生长可视化、茶园生态可控化数据的监控，把控生产原料来源标准化，提升生产原料品质。

（2）茶树种质资源与品质关系数字化。通过对茶树品种、茶产品等进行科学研究及技术成分检测，用科学的视角探寻普洱茶内含成分，建立普洱茶挥发性及非挥发性成分含量数据库，提升普洱茶品质，为开发更多风味性、功能性等普洱茶提供数据支撑和理论指导。

（3）加工技术可控化。通过在普洱茶加工中对各流程的温度、湿度、微生物、物质变化等进行记录和检测，建立生产参数及物质变化数据库，建立数字化生产模式。

（4）包装参数标准化。通过对普洱茶包装材料、标准、类型、规格等进行调研和研究，用科学的数据解读普洱茶包装的安全性和多样性。

（5）普洱茶贮藏陈化智能化。通过对普洱茶贮藏环境、条件、内含物质及贮藏中代谢物的变化进行监测和检测，建立贮藏数据库，控制贮藏环境，保证普洱茶品质稳定转化。

（6）普洱茶品质评价规范化。通过对不同产地、不同品种、不同等级、不同工艺的普洱茶进行感官审评和权威检测，建立感官及内质品质数据库，为消费者选购高品质普洱茶提供数字化的理论参考指标。

（7）普洱茶冲泡规范化。通过普洱茶冲泡，探究普洱茶冲泡中内含物质析出规律，用数字规划普洱茶冲泡方法、时间及不同普洱茶的冲泡技巧，提高普洱茶利用率。

（五）普洱茶大数据

普洱茶大数据是以茶叶生产链为根基，借助信息技术的力量，利用大数据、物联网和人工智能等先进手段，构建的一个“从茶园到茶杯”的全生命周期可视化监控与智能化调控体系。这一体系确保了普洱茶的源头可控制、过程可追踪、品质有保障、安全可追溯，为茶产业的繁荣、健康和可持续发展提供了强有力的支撑。

从茶园到茶杯全程追溯后，每一个产品都有专属的“智慧金叶”质量安全追溯标签，实现一个包装追溯标签对应一个批次产品，成为保证产品质量安全的“二代身份证”，从而开启农产品质量安全可追溯化的信息大数据时代。通过“智慧金叶”追溯标签生成产品唯一质量安全可追溯认证码，从种植基地、加工基地、贮藏基地与销售流通等全生命周期可视化监控及权威理化检测＋专家感官品鉴，出具“数字云茶产品证书”，实现从口感到内质的溯源分析、从品质到功效的科学鉴定，同时追踪产品流通环节，获取产品的销售数据和反馈信息，建立大数据中心，指导企业生产营销，让消费者放心获取和消费安全、优质、可追溯的产品，以茶叶质量安全促进茶产业繁荣健康、可持续发展，开启农产品质量安全可追溯的信息大数据时代。

（六）普洱茶的保健

通过对普洱茶全方位、系统性的保健功效研究，实现新时代普洱茶产品的精准养生功效。

对个人而言，健康普洱有助于内外机能的协调维护，增强免疫力，提高生命质量，延年益寿，提升生活质量。对社会而言，它有利于提升人民的健康水平和幸福感，促进社会的和谐与快乐发展。

古代的药典中，普洱茶被赞誉为能治疗并预防疾病的“良药”，这与中医“治未病”的理念不谋而合。在现代高科技的推动下，茶叶生产的各个环节逐步实现数字化、智能化、清洁化，确保茶叶的产地、品种、栽培方式、生长环境等信息的可追溯性。从茶园到茶杯，每一个环节都经过科学的标准化处理，形成了安全、风味独特、功能多样的普洱茶。产品从栽培到加工，经过严格的标准化流程，最终成为商品送到消费者手中。

消费者根据自己的需求选购普洱茶，以科学正确的方式冲泡饮用，并遵循适当、适时、适度、适合的原则，享受健康品饮的乐趣。健康普洱，正引领着普洱茶产业的未来发展。

第四节　普洱茶产业的未来发展前景

普洱茶在现今社会正逐渐获得更多消费者的认可与喜爱，这充分证明了其在市场中所具有的经济价值。随着消费市场的日趋成熟与多元化，普洱茶的消费群体也在不断扩大，而传统普洱茶市场则更加注重其未来的可持续发展。如何在这样的背景下凸显普洱茶的独特魅力，以及如何深度挖掘其市场潜力，已成为决定其在市场竞争中的地位的关键。展望未来，普洱茶的发展将更加注重文化内涵的挖掘、品牌形象的塑造以及科技创新的运用，逐步向“人文普洱”“品牌普洱”“智慧普洱”的方向迈进。

（一）人文普洱

人文普洱是在科学普洱的基础上，将文化普洱、艺术普洱、科技普洱、健康普洱进行深度融合和提炼，实现普洱茶在物质与精神层面的和谐统一。人文普洱强调在普洱茶的生产与消费过程中，以人为本，弘扬人性，塑造品格，将文化、艺术、科技、健康等元素融入其中，赋予普洱茶浪漫的人文关怀和个性化的服务。

人文普洱根据消费者的个性化需求和口味偏好，提供定制化的普洱茶产品，包括不同的成分、香型、包装等，这种个性化的服务体现了人文关怀的精神。

人文普洱实现了物质产品和精神产品的完美融合。在社会经济生活中，通过挖掘和传承民族茶文化的优势，将自然、科学、文化、旅游观光等元素与普洱茶产品相结合，转化为市场消费的强大动力。这种融合不仅丰富了普洱茶的内涵和价值，也推动了茶文化的传承与发展，为普洱茶的可持续发展注入了新的活力。

（二）品牌普洱

目前，普洱茶市场充满了激烈的竞争，众多企业和品牌并存，产品间的同质性较高。在这种背景下，单纯依赖价格战来保持竞争优势是不可持续的。为了有效地改善这一现状，普洱茶企业需要探索一条战略化的发展路径。这需要以市场需求为导向，打造独特的品牌特色，并通过产业升级和转型来提升普洱茶的品质。

未来的发展，普洱茶企业必须通过提升品质来推动销量的增长。品质的提升涉及茶树栽培、茶叶加工、贮藏管理等各个环节的改进和优化，从而构建起一个专业化的普洱茶产业链。在此基础上，以品牌为基础，实施品牌战略，整合分散的资源，逐步提升云南普洱茶的市场知名度。各个品牌应有自己独特的特点，以克服缺乏核心竞争力的问题。

品牌化将是普洱茶市场发展的重要趋势。企业在未来的发展中，需要利用科技手段来保证品质，建立以消费者需求为中心、市场为导向、企业能力为支撑的发展模式，打造具有独特风格的普洱茶品牌。普洱茶产业应从追求数量转向追求质量，茶园管理应向生态化、高水平、品牌化营销方向发展，这将有助于普洱茶的长期可持续发展。

1．品牌普洱特性

（1）安全化。普洱茶安全性问题一直备受关注，其质量安全由整个加工生产环节中的茶叶产地、原料、加工、包装、储运等多种因素共同决定，生产企业在茶园管理、鲜叶采摘、加工、运输、贮藏的不规范，都会造成茶叶不卫生和产品质量不合格的问题。普洱茶的发展需要依靠科技力量，保证从“茶叶”到“茶杯”每一过程的质量安全，生产、品饮的安全化是品牌普洱应具备的首要条件。

（2）专业化。在科学快速发展的新时代，普洱茶发展壮大成一门专业的学科，传统的生产、销售方式已经不能满足消费者日益增长的需求，专业化的种植栽培、加工贮藏、经销模式、科学研究可以提升普洱茶的核心竞争力，是品牌普洱的必要手段。

（3）特色化。普洱茶的“越陈越香”带动了整个产业的发展，多元化的形制、多样的保健功效是普洱茶在六大茶类中令人记忆深刻的特点，当下饮茶人群的年轻化、茶饮的快消品化、茶品的特色化是普洱茶产业创新的原动力。

（4）高端化。2020 年，西湖龙井产量 493.79 吨，品牌价值 70.76 亿元，普洱茶产量 16.20 万吨，品牌价值 70.35 亿元，对比发现，普洱茶品牌价值与西湖龙井相差无几，而普洱茶产量是西湖龙井的 300 多倍。因此，通过科技创新、市场营销等手段提升普洱茶单品价值，是普洱品牌未来发展的必经之路。

（5）理性化。普洱茶发展迅速，然而在过程中出现了许多如“散茶也是普洱茶”“纯料肯定优于拼配”“普洱茶只要存放就能变好”等知识盲区，在品牌普洱构建的过程中，如何带领企业、消费者走出误区，理性化地引导生产消费是品牌普洱健康发展的内在要求。

2. 品牌普洱发展方向

（1）利用“互联网 +”，做好品牌传播。互联网、大数据已在云南省部分企业投入使用，促进了企业管理效率的提升。“互联网 +”是时代发展的新潮流，线上购物已成为一种重要的生活方式。茶企业可以利用互联网数据开展精准营销，探索新型渠道以及提升线上购物服务体验。互联网商城不仅是商品销售窗口，还是企业形象的展板，更是企业品牌的传播平台，企业利用好“普洱茶 + 互联网”的模式提升品牌价值，推动普洱茶产业的发展，是品牌普洱重要发展途径之一。

（2）拓展市场范围，提升品牌价值。2021 年普洱茶品牌评估价值达 73.52

亿元，按照“市场主导、企业主体、政府支持”的原则，统筹推进品牌建设，大力实施“公共品牌＋区域品牌＋企业品牌”战略，从而促进普洱茶企业整体经营管理水平的提升，继续保持提升自身实力，有效促进企业规模的提升与品牌建设。

普洱茶以国内市场为主，未来应持续打造品牌，推动普洱茶市场国际化，解决在茶叶出口流通过程中出现的茶叶产业缺乏科学合理规划、交通设施不够完善、茶叶产品市场混乱、茶叶产品质量安全体系不完善等问题，提升龙头企业的带头作用，促进普洱茶品牌价值的健康持续发展。

（3）挖掘历史文化，讲好品牌故事。普洱茶具有深厚的历史文化背景，经过历史变迁，普洱茶已从云南一隅走向世界。在品饮普洱茶的同时，讲好普洱茶历史、普洱茶文化，可以让消费者对普洱茶有更深入的了解，普洱茶多元化的属性为品牌普洱茶注入活力，加大挖掘普洱茶的历史文化属性，可以帮助提升普洱茶的品牌附加值。

（三）智慧普洱

智慧普洱代表的是对传统普洱茶进行科学化、系统化的研究和创新，进而明确其功效、优化生产工艺、推动产业升级，最终构建一个标准化、数字化、智能化、品牌化、可追溯的普洱茶研发、生产、营销体系。

智慧普洱的核心使命和目标是基于农业普洱的坚实基础，融入文化普洱的深厚内涵，借助科学技术的发展动力，强化对普洱茶的基础研究、功能开发和生产流程的优化。通过这一系列举措，智慧普洱旨在提升普洱茶的品质和市场竞争力，为消费者提供更为精准、高效的产品和服务，推动普洱茶产业的持续、健康发展。

1. 智慧原料

云南大叶种丰富的内含物质是普洱茶的加工基础，内含物质的数字化为生产标准化、产品风味化提供科学数据。通过管理茶片栽培、合理施药施肥、科学间种管理能提升茶树鲜叶的品质与产量，针对有效成分进行利用加工，从而有效地推动工艺创新。

2. 智慧加工

（1）有效控制发酵加工过程。普洱茶（熟茶）发酵的控制一般依靠经验看茶做茶，即使很有经验的师傅也难免有捉襟见肘之时。加之，普洱茶受品种、地域、加工等条件的影响，发酵过程不易控制，品质很难稳定，品饮安全性难以保证，因此，如何有效控制普洱茶（熟茶）发酵，对许多新办茶厂来说是个难题。从普洱茶品质的角度来讲，通过合理监测普洱茶生产环境和控制普洱茶特征成分（如茶多酚、茶色素、氨基酸、生物碱、茶多糖等）以及挥发性物质的含量变化，利用近红外光谱技术及时明确茶叶成分含量水平以及利用色差仪及时监测茶叶色泽的变化，并与优质普洱茶作对比，因此，未来普洱茶生产需要依靠科学技术稳定品质。

（2）风味普洱茶定向化生产。优秀的加工技术造就了“色、香、味、形”俱佳的普洱茶。众所周知，“渥堆”是形成普洱茶品质特征最关键的一步，在这一工序中微生物发挥了重要作用。实践证明，利用有益的优势微生物菌种发酵生产普洱茶可以获得不同风味的普洱茶。如黑曲霉发酵的普洱茶陈香中透着花果香，其香气物质中如甲氧基苯及其衍生物、萜烯醇类化合物及其衍生物与醛类含量高，其他香气物质含量较少。根霉发酵的普洱茶陈香浓郁，其香气物质中萜烯醇类化合物、醛类、酮类含量较高，特别是芳樟醇氧化物的含量较高，而甲氧基苯及其衍生物的含量相对较少。

（3）功能性普洱茶的生产。利用不同优势微生物可发酵生产不同风味的普洱茶，同样也可以利用不同优势微生物发酵或特殊加工工艺生产具有突出功能性的普洱茶。具体是以茶叶为基质，利用优势微生物发酵，使微生物分泌特定的活性成分，或是通过特殊工艺使茶叶产生特定的代谢产物，从而提高活性成分在普洱茶中的含量水平来强化普洱茶的功能。

（4）普洱茶制品多样化生产。目前，云南普洱茶产业存在着科技含量低、加工技术落后、经济效益低等问题。发展普洱茶深加工技术，开发方便、快捷、保健、营养和安全的即食即饮普洱茶产品是普洱茶产业提质增效的重要途径。普洱茶与其他六大茶类的不同点主要在于其化学成分含量及类型的差异，普洱茶中的茶多糖、茶色素等含量极高，与绿茶相比多酚类物质大幅下降，简单儿茶素则有较大的增幅。这些成分与普洱茶的保健功能密切相关，也赋予了普洱茶特殊的感官品质。因此，通过科学研究生产具有或富含某种功能物质的风味特色普洱茶，将普洱茶特有的成分进一步在食品、医药、化工等领域中加以应用，开发出品种、功能多样化的普洱茶食品、养生保健品、美容护肤品、日用化妆品及相关产品，是未来科学普洱茶的发展方向。

3. 智慧贮藏

控温、控湿、避光、通风、无污染、无异味的科学贮藏环境是保证普洱茶品饮安全、提升普洱茶品质的保障。建立“智慧茶仓”，通过互联网、物联网、大数据等新兴技术，实时监测环境参数，采用专业设备、设施来完成环境调节，避免普洱茶品发生霉变、异变，使普洱茶向香、醇、甘、润、滑的方向转化，提升普洱茶价值，促进市场流通。

4. 智慧品饮

普洱茶是健康饮品，但想要通过饮茶获得良好的健康状况，除了长期持续地品饮外，还需要掌握和使用正确、科学的饮茶方式。普洱生茶、普洱熟茶、陈年普洱茶各具有不同的茶性，针对每个人不同的体质、年龄、身体状况以及生活环境等因素，不同的人对普洱茶品的选择也各有差异。选择具有“顺、活、洁、亮”特征的优质普洱茶，拒绝劣质普洱茶，采用科学的冲泡方法、品鉴方式，不仅能深切体会普洱茶的感官风味，而且有益于品饮者的身心健康。

第二章　普洱茶加工的生物学与化学分析

第一节　普洱茶加工过程的生物学分析

普洱茶后发酵（微生物固态发酵）的实质，是以微生物代谢为中心，通过微生物产生的胞外酶、茶叶内含化学成分分解产生的热以及微生物自身代谢的协调作用，使茶叶内含物质发生复杂的变化，从而塑造了普洱茶特殊的品质风味。

一、普洱茶固态发酵中微生物的变化

目前，对普洱茶中微生物的研究越来越多，随着研究的不断深入，人们逐步认识了参与渥堆发酵的微生物及其在普洱茶渥堆发酵中的重要性。

从目前的研究看，从渥堆发酵过程和普洱茶产品中分离到的微生物菌群，主要涉及曲霉属、青霉属、根霉、毛霉、酵母属及细菌类。

普洱茶在堆积发酵过程中，水分逐步蒸发减少，pH 值下降，酸度增加，茶堆里的这种变化给微生物活动创造了良好条件，而微生物的旺盛代谢活动（多属嗜热性的曲霉菌、酵母及杆状细菌等），会释放出大量的呼吸热，使茶堆中的温度达 60℃～70℃，堆内温度的升高又促进了微生物自身的繁殖生长。据测定，在温度较高的二、三翻时，茶堆内的菌落总数达 235 799～366 507 个。

研究发现，普洱茶渥堆过程中存在黑曲霉、灰绿曲霉、青霉、根霉和酵母

等微生物，并认为黑曲霉约占微生物总数的 80%。

有研究表明，渥堆早期霉菌最先发展，中后期逐渐让位于酵母菌；细菌早期较多，以后逐渐下降，到后期已极少；放线菌早期不显著，后来有所发展。在霉菌中，以黑曲霉和毛霉为主，酵母在渥堆开始几天数量甚少，到中后期便大量发展起来，成了优势菌种。

在针对普洱茶加工过程中微生物及酶系变化的研究中发现，黑曲霉、青霉、根霉、灰绿曲霉和酵母等微生物存在于普洱茶的整个加工过程中，渥堆初期黑曲霉最多，黑曲霉代谢产生的水解酶，在渥堆中期，表现为增加趋势，在渥堆后期，低温嗜干的灰绿曲霉开始繁殖。

在普洱茶渥堆大生产中各微生物的数量排序为：黑曲霉 > 酵母菌 > 青霉 > 根霉 > 灰绿曲霉 > 细菌。渥堆开始，一翻黑曲霉迅速增加，二翻结束后黑曲霉数量达到最高，其后开始下降，三翻结束时，酵母、根霉数量达到各自在整个发酵过程中的最高点，而酵母菌的数量高于根霉。整个渥堆发酵过程中黑曲霉都处于优势地位。

研究表明，云南普洱茶发酵过程中主要有益微生物有黑曲霉、青霉属、根霉属、灰绿曲霉、酵母属、土生曲霉、白曲霉、细菌类，其中黑曲霉最多。初期主要霉菌有黑曲霉、青霉、根霉、毛霉、灰绿曲霉及酵母，中后期以黑曲霉和酵母为主。从图 2-1 可以看出，在普洱茶发酵过程中，到“二翻”工序时，黑曲霉总数达到了最高峰，约为毛茶的 27.59 倍。在整个渥堆发酵过程中，黑曲霉的数量始终处于优势，是其他菌的 5 ～ 114 倍，占微生物总数的 66.18%。黑曲霉的数量变化与微生物总数变化基本一致。其中除青霉到二翻时增加，之后减少，到四翻时又增加随之又减少；酵母在三翻时增加到最大，四翻减少，出堆时又增加外，其余的根霉、灰绿曲霉、土曲霉、白曲霉和细菌的数量呈现在发酵中期逐渐增加之后又减少的趋势。

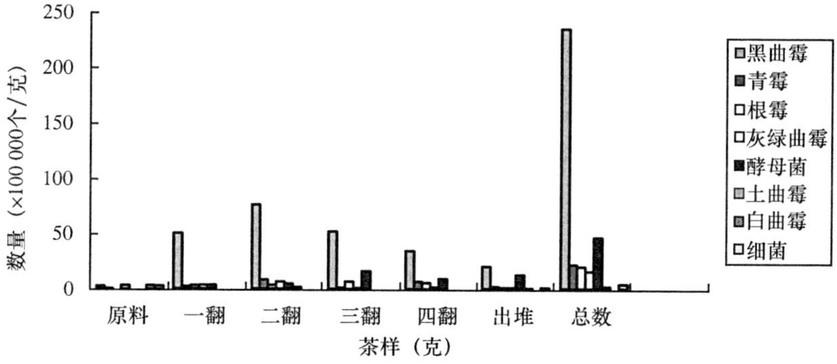

图 2-1　普洱茶固态发酵的不同时期各种微生物的总数变化

有益微生物的发酵作用在云南普洱茶品质形成中起决定性的作用，是云南普洱茶品质形成的必要条件，离开了有益微生物和湿热作用，晒青毛茶难以形成普洱茶特有品质风格。发酵过程中，在湿热条件下，有益微生物利用晒青毛茶丰富的内含物质，进行生长繁殖，产生了一系列影响普洱茶品质的复杂的中间代谢产物，如芳香特性化合物，而黑曲霉菌在这些化合物的形成过程中起了决定性的作用；同时，晒青毛茶丰富的内含物质，在有益微生物本身存在的胞内酶或者分泌的胞外酶的作用下发生一系列复杂的化学变化。有研究表明，有些曲霉菌能有效地降解水解单宁，促进没食子酸的生成。有益微生物参与发酵的作用机理仍需要进一步深入研究。

总之，微生物在普洱茶渥堆过程的不同阶段，其优势菌群不同，优势地位交替变化，各菌之间的数量关系表现为：渥堆早期霉菌最先发展起来，中后期逐渐让位于酵母菌，细菌早期较多，以后逐渐下降，到后期已极少，但未发现有致病细菌，这得益于各种微生物间的拮抗作用以及茶叶中的茶多酚抑制对人或动物有致病性的细菌的生长繁殖。

不同的微生物与普洱茶品质的关系如下所述。

1．黑曲霉与普洱茶品质形成的关系

黑曲霉是普洱茶固态发酵中出现的优势菌种。黑曲霉可以产生内、外两类酶，即胞内酶和胞外酶。胞内酶是黑曲霉呼吸作用或发酵作用不可缺少的生物催化剂，微生物分泌的胞外酶（多酚氧化酶、抗坏血酸酶等）及呼吸代谢产生的热量对普洱茶的品质形成起着相当重要的作用。它们把不溶解的有机物水解为可溶的；把大分子的有机物水解为小分子的有机物，以供其吸收和利用。被分解的有机物包括多糖、脂肪、蛋白质、天然纤维、半纤维、果胶质和不可溶性碳水化合物等，水解产物大多为单糖、氨基酸、水化果胶和可溶性碳水化合物等。由于黑曲霉优异的酶解作用和全世界公认的食用安全性，因此被广泛用于食品及药品的深加工中。由于微生物间的拮抗作用，抑制了其他菌种的生长，出现的微生物种类比普通发酵生产单一，加工出的普洱茶内含成分的含量比普通发酵茶内含成分的含量理想，因此，接种黑曲霉的发酵茶在整个发酵过程中没有闻到不能接受的异味，并且到发酵的后期还出现新型的香味——樟香味。

在普洱茶固态发酵过程中，黑曲霉数量始终处于优势地位。在黑曲霉产生的胞内、胞外两类酶中的不溶性化合物等有机物、可溶性碳水化合物，使茶叶内含物质的有效成分易于渗出、扩散，为增强茶汤的滋味提供了前提条件，是形成普洱茶甘滑、醇厚品质的物质基础。另外，黑曲霉的异变菌可产生草酸、柠檬酸、葡萄糖酸、抗坏血酸等。

2. 酵母菌与普洱茶品质形成的关系

酵母菌是单细胞微生物，其结构决定酵母菌能分泌一些酵母菌体外酶，如转化酶等，把大分子转化为小分子。除它本身含有极丰富的对人体有益的营养物质、酶系统和生理活性物质外，酵母菌还能代谢产生维生素 B1、维生素 B2、维生素 C 等物质。由于酵母菌个体大、蛋白质含量高易分离、杂食性强易培养、代谢产物多综合利用广等特点，已广泛应用在现代工业中。在普洱茶加工过程中单一接种酵母菌后，多酚类物质变化显著，生产出的普洱茶有独特的陈香，滋味醇和回甘，汤色红浓明亮，叶底棕褐油润。

普洱茶甘、醇、厚等品质特点的形成直接与酵母菌消长有关。在普洱茶固态发酵过程中酵母菌数量控制得当，可以增加普洱茶中的有效营养物质以及对人体有保健作用的物质，且有利于形成普洱茶甜、醇香等品质风格。但是，如果控制不当，则会形成辣、刺、叮、麻、挂、锁、酸等不利的物质，影响和降低普洱茶品质。

3. 根霉与普洱茶品质形成的关系

根霉是一种丝状真菌，属于毛霉目，毛霉科。根霉因为淀粉酶活力相当强，多用来做糖化菌。由于其安全性能好，产糖能力高，根霉已广泛应用在我国酿酒等食品加工业中。根霉菌在微生物固态发酵中能产生糖化酶、果胶酶、蛋白酶等，这些酶的作用温度均在 32℃～40℃，pH 值在 4.5～6。这些酶及其代谢产物的出现有利于普洱茶黏滑和醇厚品质的形成。根霉内含一种活力很强的淀粉酶，它能生产出有机酸、芳香醇类物质，是转化甾醇类化合物的主要菌类，固态发酵过程中有一定数量根霉的参与，有利于普洱茶形成甜香的品质特点，但由于其分泌果胶酶能力强，发酵过程中根霉的大量滋生会造成发酵叶软化甚至腐烂，所以固态发酵过程的每一个阶段都要将根霉的量控制在一定的范围内，相应地控制好中温中湿的发酵环境。

二、原料对普洱茶品质形成的影响

普洱茶的品质特性，首先取决于原料（云南大叶种）鲜叶固有的成分，其次取决于制造工艺的特殊性、科学性，以及贮藏环境和时间的影响。因此，原料对于普洱茶的品质形成有决定性影响，是生产普洱茶的基础，只有选择内含物丰富的茶叶原料，才有可能通过科学的加工技术和合理的贮藏形成有效成分含量相对较高且比例协调的优质普洱茶。

云南有丰富的茶树资源，又由于各茶区不同的气候条件，使得云南普洱茶加工原料具有了多样性。因此，即使有相同的发酵工艺，甚至相同的工艺参数，各地加工出来的普洱茶也是有区别的。最可能的表现就是香型、滋味方面的差异。

三、普洱茶固态发酵中主要环境因子的变化

普洱茶固态发酵过程中，茶堆温度、环境温度、环境湿度等环境因子是普洱茶固态发酵得以顺利进行和普洱茶良好品质形成的关键因素，因此，控制好茶堆温度、环境温度、环境湿度，有利于普洱茶固态发酵的顺利进行和普洱茶良好品质的形成。

如表 2-1 所示，在五种处理中，接种（木霉、根霉、黑曲霉、酵母菌）茶堆温度在 30℃～50℃，环境温度在 7℃～11℃，环境湿度在 50%～80%，对照样（不接种任何菌），茶堆温度在 25℃～60℃，环境温度在 7℃～11℃，环境湿度在 58%～80%。整个有益菌固态发酵的过程中，茶堆温度都在 60℃以下。

（1）第一翻至第三翻，茶堆温度均能达到最高温度，因接入的有益菌的不同，其达到最高温的翻数也不同。接种黑曲霉的茶堆在二翻时达到最高温 55℃；接种酵母菌的茶堆在一翻时达到最高温 58℃；接种木霉的茶堆在三翻时温度达到 50℃，因其特殊性，出堆时温度达到最高点 53℃，对照样（不接种任何菌）在二翻时茶堆温度达到最高温 60℃。

（2）每次翻堆后的一至三天内，茶堆的温度均迅速升高，在达到最高温后，逐渐下降，随着翻堆的进行，茶堆升温的程度逐渐减弱，达到的最高温较低，并且呈现下降趋势。

（3）接种不同有益菌固态发酵过程中，环境温度、环境湿度的变化趋势大体一致，环境温度主要在 7℃～11℃，环境湿度呈现下降→升高→下降的规律，主要在 50%～80% 变化，因接种的有益菌之间的适生差异，环境湿度变化曲线也相应有所细微差异。

可见，茶堆温度、环境温度和环境湿度三者之间相互协调，相互制约。茶

堆温度升高，环境温度也相应有所上升，环境湿度则呈下降趋势。各种不同有益菌（木霉、黑曲霉、根霉、酵母菌）及对照样在固态发酵中环境因子变化情况具体见图 2-2、图 2-3、图 2-4、图 2-5、图 2-6。

表 2-1　不同有益菌固态发酵过程中环境因子变化情况

有益菌	物理指标	原料	一翻	二翻	三翻	四翻	五翻	出堆
木霉	茶堆温度（℃）	21	47	49	50	41	31	53
	环境温度（℃）	19	10	11	9	7	10	7
	环境湿度（%）	72	68	68	78	68	68	58
黑曲霉	茶堆温度（℃）	13	53	55	43	39	41	40
	环境温度（℃）	11	7	9	8	8	11	7
	环境湿度（%）	64	58	54	60	80	78	80
根霉	茶堆温度（℃）	12	49	50	35	39	30	29
	环境温度（℃）	10	7	7	7	7	10	11
	环境湿度（%）	82	68	78	72	48	68	70
酵母菌	茶堆温度（℃）	11	58	42	34	34	35	36
	环境温度（℃）	10	12	10	10	8	8	10
	环境湿度（%）	76	80	66	64	70	75	69
对照样	茶堆温度（℃）	25	54	60	58	47	35	26
	环境温度（℃）	22	10	11	11	7	7	7
	环境湿度（%）	72	76	80	80	68	68	58

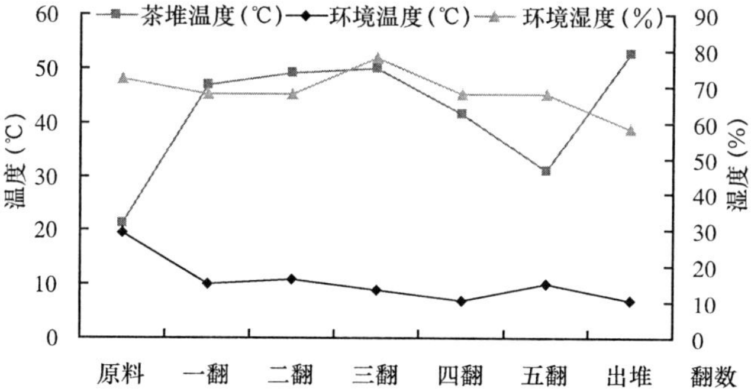

图 2-2　木霉固态发酵中环境因子变化情况

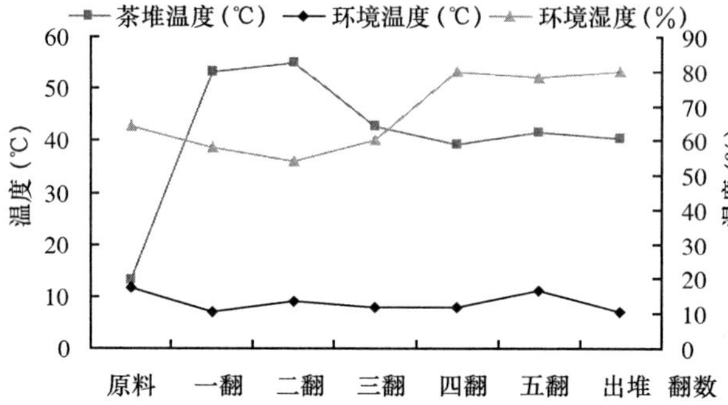

图 2-3　黑曲霉固态发酵中环境因子变化情况

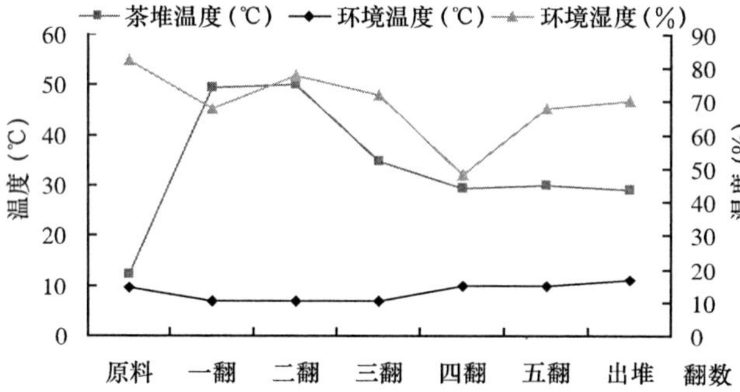

图 2-4　根霉固态发酵中环境因子变化情况

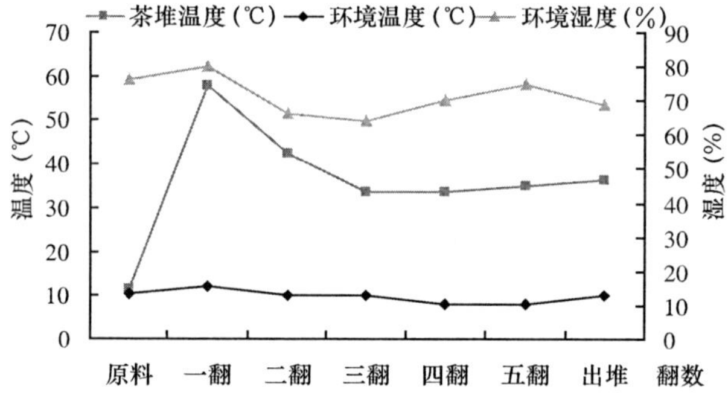

图 2-5　酵母菌固态发酵中环境因子变化情况

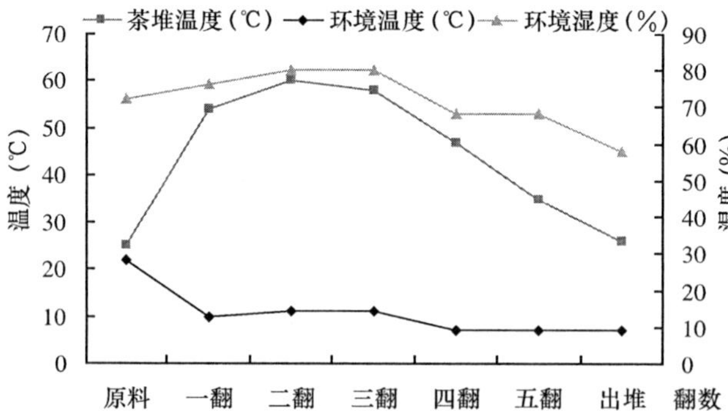

图 2-6　对照样固态发酵中环境因子变化情况

第二节　普洱茶的化学成分分析

一、普洱茶鲜叶中的化学成分

普洱茶鲜叶的化学物质组成及其含量是形成普洱茶品质特征的物质基础，主要受遗传（茶树品种）、环境（产地）及加工等主要因素影响。具体而言，普洱茶鲜叶的化学组成受到茶树品种、品系、栽培环境、管理方式、采摘季节、芽叶嫩度等诸多因素影响。茶鲜叶的化学主体成分总体相似，所以具有茶的共性，但鲜叶化学成分随产区、品种、栽培管理等的不同而有所差异。茶叶化学成分及其在加工过程中的变化规律是我们认识茶叶品质特征的重要途径，茶叶化学成分的检测及转化规律的揭示、阐释可通过联合利用色谱、光谱、质谱等现代分离分析技术而实现。

据文献所载，截至2018年底，科研人员已从山茶、普洱茶、大厂茶、厚轴茶、防城茶和白毛茶6种茶组植物或其制品中分离鉴定出398种非挥发性茶叶活性成分，包括水解单宁类、黄烷-3-醇类、黄酮类、萜类、生物碱类等酚类化合物及相关化合物，鉴定出挥发性成分数量及种类，且由于这些香气品质成分的特定组合，构成了茶叶风味品质和健康功效的物质基础。

茶鲜叶由水分和干物质两部分组成，干物质占鲜叶重量的20%～25%，以有机成分为主，有机成分含量占95%左右。茶叶有机成分既包括糖类、蛋白质、脂类等初级代谢产物，又包括茶多酚、嘌呤碱、氨基酸等次级代谢产物。糖类、蛋白质、茶多酚三类成分是茶叶干物质的主体成分，总含量约占鲜叶干重的80%。此外，还包括氨基酸（以茶氨酸为主）、嘌呤碱（以咖啡因为主）、类脂、有机酸、矿物质、维生素等低含量或微量成分。大叶种茶鲜叶的干物质组成及含量，具体见表2-2。

表2-2　大叶种茶鲜叶的干物质组成及含量

成分类别	含量（%）	组成
蛋白质	20～30	谷蛋白、精蛋白、球蛋白、白蛋白等

续表

成分类别	含量（%）	组成
糖类	20 ～ 25	单糖、双糖、多糖、寡糖
脂类	8	磷脂、糖脂等
茶多酚	24 ～ 36	儿茶素类、黄酮类、酚酸类、花青素类
生物碱	3 ～ 5	咖啡因、可可碱、茶碱等
氨基酸	1 ～ 4	茶氨酸、天冬氨酸、谷氨酸等 20 多种氨基酸
色素类	1	叶绿素、类胡萝卜素等
芳香性成分	≤ 0.05	烃、醇、醛、酮、酸、酯等小分子挥发性成分
维生素	≤ 1	维生素 C、维生素 A、维生素 E、维生素 B 等
矿物质	3.5 ～ 7	钾、钙、镁、磷、铁、硒、氟、铝等

（一）鲜叶中的茶多酚

茶多酚是茶叶的重要品质成分，包括儿茶素类（黄烷醇类）、黄酮及黄酮醇类、花青素类、酚酸及缩酚酸类等四类。茶鲜叶中的多酚类成分在加工过程中易受内源酶、外源酶、温度、机械力、氧气、光照等因素的影响而容易氧化转化，是茶叶产品品质特征丰富多样的物质基础。云南省农业科学院茶叶研究所和云南省茶学重点实验室基于云南茶树种质资源调查评价共同编撰了期刊《云南茶树种质资源研究 60 年》。据该书中的化学检测数据，云南大叶种茶树鲜叶中的多酚类物质显著高于小叶茶，平均含量均在 28% 以上，而兔街茶、漭水藤子茶等特异品种的茶多酚含量更是高达 40% 左右。

1．儿茶素类（黄烷醇类）

儿茶素是茶鲜叶中的主要活性成分，由丰富的黄烷醇及其衍生物组成，是茶汤苦涩味的呈味成分，同时也是普洱茶功效的重要成分。儿茶素类成分通常含有多个酚性羟基，邻位、连位羟基极易氧化聚合而具有优秀的抗氧化活性，故对光、热、碱等敏感，是茶鲜叶加工形成茶黄素、茶红素、茶褐素的物质基础。

2．黄酮及黄酮醇类

黄酮类成分是茶叶中多酚的重要组成部分，也是茶叶抗氧化活性成分，对于茶叶的滋味与汤色具有重要意义。黄酮类成分包括黄酮、黄酮醇及黄酮醇苷类成分。黄酮类成分占茶叶干物质重的 2% ～ 5%，主要为山柰素、槲皮素和杨梅素及其相应的糖苷、芸香苷、槲皮苷和山柰苷。黄酮类成分能溶于热水，黄酮苷比其苷元更易溶解，其水溶液为黄绿色，与茶汤颜色关系较大。制茶过程中，黄酮苷在热和酶的作用下会发生水解脱去糖配基变成黄酮或黄酮醇，可在一定程度上降低黄酮苷类所致的茶汤苦味。黄酮类成分可能是茶叶中儿茶素类成分的前体。

3．酚酸及缩酚酸类

茶叶中的酚酸类是一类具有羧基和羟基的芳香族多酚化合物，缩酚酸是由酚酸缩合而成，酚酸和缩酚酸约占茶叶干物质重的 5%。水解单宁主要是没食子酸与葡萄糖形成的缩合物。酚酸类物质通常以水解单宁的方式存在于茶鲜叶中，是合成酯型儿茶素必不可少的物质，对茶汤滋味有重要影响。目前从茶叶中分离报道的酚酸类化合物主要包括：没食子酸（GA）、咖啡酸、香豆酸、棓儿茶素、绿原酸、3-o- 对香豆酰基奎宁酸、5- 没食子酰基奎宁酸、5- 咖啡酰基奎宁酸、5-o- 对香豆酰基奎宁酸、3- 咖啡酰基奎宁酸、4，5- 二没食子酰基奎宁酸等。

4．花色素类

茶叶中的花色素类主要由花青素和花白素组成。花青素是一类性质较稳定的色原烯衍生物，一般的大叶种茶中含量很低，约为 0.01%，紫娟茶中则可达 0.5% ～ 1.0%，是紫娟茶的重要特色成分，在茶树体内主要以糖苷的形式存在。花白素又称 4- 羟基黄烷醇，无色，比儿茶素更活泼，更易发生氧化聚合反应，主要存在于茶新梢中，占干物质重的 2% ～ 3%。

（二）鲜叶中的氨基酸与蛋白质

文献所载的茶叶中氨基酸已达 26 种，包括茶氨酸、γ - 氨基丁酸、豆叶氨酸、谷氨酰甲胺、天冬酰乙胺、β- 丙氨酸 6 种非蛋白质氨基酸。其中，含量最高的为茶氨酸，占总氨基酸的一半以上，易溶于水。大量研究表明，云南大叶种鲜叶中的氨基酸含量略低于小叶种茶，普遍在 2% ～ 4%，但根据《云南茶树种质资源研究 60 年》中的实验结果，也存在氨基酸含量高达 6.10% 的特异品种。茶氨酸具有调节颅内神经递质、提高学习能力和记忆力、镇静作用、保护神经细胞、降血压作用、减肥作用等重要生物活性，还有类似味精的鲜爽和焦糖香气，对茶汤的滋味和香气都有良好的作用，是茶叶品质的重要评价因子之一。γ－氨基丁酸是茶叶中的另一种重要氨基酸，具有安神、降血压等重要生理活性。γ－氨基丁酸在茶鲜叶中含量很低，但可通过厌氧处理提高含量。

茶鲜叶含有高达 30% 的蛋白质，其中水溶性蛋白质不到 4%。因为茶叶蛋白质难以通过冲泡被人体利用而并未受到过多的关注，但其含量高低是茶叶质量等级的重要评价指标。此外，加工过程中通过微生物处理也可能促进蛋白质的降解而提升茶叶产品的品质。

（三）鲜叶中的生物碱

鲜叶中的生物碱主要有咖啡因、可可碱、茶叶碱，它们均为黄嘌呤的甲基衍生物。通常，咖啡因占总生物碱的 90% 以上，易溶于热水，可可碱、茶碱能溶于热水。鲜叶中生物碱的含量与嫩度呈正相关，是茶叶品质特征评价指标之一。鲜叶中咖啡因含量随茶树的生长环境、品种等不同而有所差异，幼嫩芽叶、春茶含量相对较高，遮光栽培有利于提高鲜叶中咖啡因含量。

（四）鲜叶中的脂溶性色素及脂类成分

茶鲜叶中的天然色素以脂溶性色素为主，主要包括叶绿素、类胡萝卜素、花黄素（黄酮类）等。茶黄素类、茶红素类、茶褐素是普洱茶中重要的水溶性色素，通常在加工过程中转化形成。此外，普洱茶中的脂类成分还包括亚麻酸、磷脂、糖脂、固醇等。

在茶鲜叶的天然色系中，叶绿素由甲醇、叶绿醇与卟吩环结合而成，是一种双羧酸酯化合物，是形成茶叶外观色泽和叶底颜色的主要物质。茶鲜叶中的叶绿素占茶叶干物质重的 0.30% ～ 0.80%，包括叶绿素 a 和叶绿素 b，前者为后者的 2 ～ 3 倍，二者的含量及比例随品种、季节、成熟度的不同差异较大。叶色黄绿的云南大叶种（普洱茶种）中的叶绿素含量较低。游离的叶绿素很不稳定，对光、热敏感，在加工过程中易降解形成脱镁叶绿素、植醇等成分，降解产物将参与茶叶品质的形成。

茶鲜叶中含有十多种类胡萝卜素，其总含量不到茶叶干物质重的 0.10%，包括胡萝卜素、新黄质、叶黄素、玉米黄素等，呈橙黄色至黄色，对酸碱条件稳定，但对光热氧不稳定，在茶叶加工中可氧化降解形成 α- 紫罗酮、β- 紫罗酮、二氢海葵内酯、茶螺烯酮等香气成分。虽然类胡萝卜素含量不到 0.10%，但它们与茶叶香气、外形色泽和叶底色泽的形成密切相关。

（五）鲜叶中的芳香物质

迄今为止，在茶叶样品中已经发现600多种挥发性成分，大部分芳香成分在加工过程中产生，茶鲜叶中的香气成分仅有数十种，且不同茶类的主要香气成分差异巨大。茶叶挥发性成分包括约70个烃类（脂肪族、芳香族和萜类化合物）、90个醇类（脂肪族、芳香族和萜类化合物）、70个醛酮类（脂肪族、芳香族和萜类化合物）、70个酸类（脂肪族、芳香族和萜类化合物）、80多个酯类、20多个内酯及约20个酚类化合物，还包括40个含氧化合物（呋喃类、芳香醚、紫罗兰酮衍生物）、90个含氮化合物（吡咯、吡啶、吡嗪等）以及一些含硫化合物。

一般而言，在茶鲜叶中，含有的香气物质种类较少，主要包括脂肪族（如青叶醇）、芳香族（如苯甲醇）和萜类（如香叶醇、芳樟醇及其氧化物）等加工可显著增加香气物质的种类。茶叶香气因茶树品种、鲜叶老嫩、采摘季节、栽培环境及加工工艺等因素而异，特别是酶促氧化的深度和广度、温度高低、炒制时间长短等加工工艺条件对香气物质的组成和比例影响显著，也正是这些变化形成了各茶类独特的香型。

（六）鲜叶中的糖类物质

鲜叶中糖类物质占茶叶干物质重的20%～25%，包括水溶性糖和非水溶性糖类两个部分。前者主要包括果糖、阿拉伯糖、葡萄糖、半乳糖、蔗糖等小分子糖和具有增强免疫力、降血糖、抗氧化等重要生理活性的茶多糖，后者主要为茶叶的初级代谢产物，包括纤维素（4.30%～8.90%）、半纤维素（3.00%～9.50%）、淀粉（0.20%～2.00%）、难溶果胶（约10%）等。

水溶性茶多糖具有多种健康益处，一般与蛋白质结合在一起形成酸性多糖或酸性糖蛋白。研究结果表明，粗老茶叶中含量较高，云南大叶种中茶多糖含量明显高于小叶种茶。茶多糖的主要组成单元为半乳糖和葡萄糖。

茶叶中纤维素、半纤维素、淀粉等多糖类成分难溶于水，而果胶物质的溶解性则与其甲酯化程度、是否有支链结构有关。纤维素含量是茶叶老嫩的标志，鲜叶嫩度好则纤维素含量低，较易加工做形，能制出优质名茶。果胶为一种杂多糖，根据其是否甲酯化及糖苷化情况，可分为果胶酸、果胶素及原果胶。果胶的含量与茶树品种及茶梢成熟度有关，新梢中以第三、四叶果胶含量较高。水溶性果胶可增加茶汤的甜味、香味和厚度。

（七）鲜叶中的维生素及矿物质

鲜叶中含有种类丰富的维生素，包括维生素 A、维生素 C、维生素 E、维生素 K、维生素 B 族等多种维生素以及它们的前体物质。通常，鲜叶中维生素含量极低，但对人体健康具有重要作用。

茶叶中已检测出近 30 种矿物质元素。与一般食物相比，茶叶富含钾（K）、锰（Mn）、铝（Al）、氟（F）等元素。钾元素含量占叶片 2% 左右，在芽、嫩叶新梢中含量较高。氟元素是人体必需的微量元素，在骨骼与牙齿的形成中有重要作用，常饮茶可以补充氟元素的摄入量，但需要指出的是，过量摄入可能会引起氟中毒，如导致氟斑牙。氟元素在粗老茶叶中含量较高，长时间煮茶会增加茶汤中氟元素的溶出量，故应尽量避免经常采用煮茶的方式饮用粗老茶。

（八）鲜叶中的酶

多酚氧化酶和过氧化物酶是茶鲜叶中的主要内源性酶，它们在茶叶加工过程中催化茶多酚转化等具有非常重要的作用。除了这些酶，茶鲜叶中还含有许多其他的酶，它们在茶叶生产及加工过程中也起着重要作用。

（九）云南大叶种鲜叶的主要化学成分

1. 不同品种鲜叶的化学成分

国家标准《地理标志产品　普洱茶》（GB/T 22111—2008）中明确了云南普洱茶是以云南大叶种为原料，因此云南大叶种是云南普洱茶最本质的特性之一。云南有着丰富的茶树资源，更拥有丰富的古茶树资源。在普洱茶主产区西双版纳、临沧、普洱更是聚集了野生型、过渡型、栽培型古茶树和古茶园。镇沅千家寨、澜沧的邦崴和景迈、勐海的南糯山等分别拥有树龄上千年的野生型、过渡型和栽培型古茶树。普洱茶得以传播发展，与普洱茶产区特有的丰富茶树资源密切相关。云南大叶种茶树是加工云南普洱茶的茶树鲜叶来源，属于乔木型茶树品种；勐海大叶茶、凤庆大叶茶、勐库大叶茶等是云南茶叶先民在世代种茶、制茶的历史长河中选育出来的众多优良茶树品种的典型代表。茶叶理化成分检测是不同茶树种质资源及品种适制性评价的重要途径，一般按一芽二叶的标准采摘、蒸青固样后干燥保存用于检测。云南大叶种茶树品种是形成普洱茶独特品质的重要基础，其鲜叶的茶多酚、儿茶素、咖啡因和水浸出物等含量都高于一般中小叶种茶树。普洱茶产区不同品种的大叶种鲜叶主要品质成分的检测结果见表 2–3。

表 2–3 普洱茶产区不同品种的大叶种鲜叶主要品质成分 单位：%

名称	总茶多酚	总儿茶素	总游离氨基酸	咖啡因	水浸出物
昌宁大叶茶	36.62±2.20	18.80±0.44	2.40±0.02	4.95±0.10	49.88±3.12
勐库长叶茶	35.16±2.05	16.68±0.46	3.34±0.03	4.82±0.15	49.80±3.14
漭水大叶茶	34.95±2.22	26.70±0.99	3.24±0.04	4.90±0.13	50.12±4.02
邦东大叶茶	34.75±2.17	18.51±0.59	2.45±0.02	4.81±0.16	49.45±3.11
茶房大叶茶	34.61±2.11	18.17±0.55	2.33±0.02	4.90±0.15	48.28±3.06
茶房迟生茶	34.36±2.50	22.70±0.87	2.61±0.04	4.89±0.14	48.45±3.01
易武大叶茶	30.91±2.24	24.80±0.88	2.90±0.02	5.12±0.13	48.55±3.08
景谷大白茶	29.98±1.88	15.39±0.46	3.81±0.03	5.15±0.12	46.84±2.89

2. 适制普洱茶的大叶种理化成分

云南茶区多分布在澜沧江两岸的山区丘陵地带的温凉、湿热地区，海拔在 1 200 ～ 2 000 米，年平均温度在 12℃～ 23℃，活动积温在 4 500℃～ 7 000℃，年降雨量一般在 1 000 毫米以上，最高在 2 000 多毫米。土壤为红壤、黄壤、砖红壤，pH 值在 4 ～ 6。优越的气候条件为该区种植的云南大叶种创造了适宜的生长条件，也为普洱茶化学品质的形成奠定了坚实基础。研究表明，茶叶中较高含量的次生物质是茶树与环境共同作用的结果。对茶树生长及其体内物质代谢影响较大的因子主要有光照、温度、湿度，因此茶叶的产量、品质与茶园的气候有直接关系，对品种的适制性有重要的实践意义。勐库大叶茶、勐海大叶茶、云抗 10 号等均具有高茶多酚、高儿茶素、高咖啡因等化学组成特征，有利于普洱茶加工品质的形成。总之，要形成云南普洱茶特有的品质特征，是不能离开云南这一优越的自然条件的。实践证明，制作普洱茶的大叶种茶树鲜叶中的茶多酚、氨基酸、水浸出物等含量高，加工的普洱茶产品有利于后期贮藏品质的较长时间的转化。

二、普洱茶原料中的化学成分

大叶种晒青毛茶是加工普洱生茶和普洱熟茶的原料，由云南大叶种茶树鲜叶按下述工艺流程初制而成：

大叶种鲜叶→摊放→杀青→揉捻→干燥（晒干）→晒青毛茶

大叶种鲜叶和日光干燥是晒青毛茶原料的重要加工特征，大叶晒青毛茶的化学组成还受内源酶、外源酶、温度、湿度、机械力、光照、空气等加工工艺及环境条件影响。

（一）晒青毛茶的理化指标及品质特征

良好的大叶种晒青毛茶作为加工普洱茶产品的原料，也是由大叶种鲜叶初制加工而来。其当下品质成分特点，可能影响到后续普洱茶产品品质，由此可见，晒青毛茶品质评价的重要性。因此，《地理标志产品　普洱茶》（GB/T 22111—2008）以国家标准的形式对晒青毛茶的基本理化指标和感官品质特征进行了限定（表 2-4、表 2-5），为普洱茶生产过程中的晒青毛茶原料质量控制提供依据。

表 2-4　晒青毛茶理化指标

序号	项目	指标（%）
1	水分	≤ 10.0
2	总灰分	≤ 7.5
3	粉末	≤ 0.8
4	水浸出物	≥ 35.0
5	茶多酚	≥ 28.0

表 2-5　晒青毛茶感官品质特征

级别	外形				内质			
	条索	色泽	整碎	净度	香气	滋味	汤色	叶底
特级	肥嫩紧结芽显毫	绿润	匀整	稍有嫩茎	清香浓郁	浓醇回甘	黄绿清净	柔嫩显芽
二级	肥壮紧结显毫	绿润	匀整	有嫩茎	清香尚浓	浓厚	黄绿明亮	嫩匀

续表

级别	外形				内质			
	条索	色泽	整碎	净度	香气	滋味	汤色	叶底
四级	紧结	墨绿润泽	尚匀整	稍有梗片	清香	醇厚	绿黄	肥厚
六级	紧实	深绿	尚匀整	有梗片	醇正	醇和	绿黄	肥壮
八级	粗实	黄绿	尚匀整	梗片稍多	平和	平和	绿黄稍浊	粗壮
十级	粗松	黄褐	欠匀整	梗片较多	粗老	粗淡	黄浊	粗老

（二）大叶种晒青原料的化学成分差异

普洱茶产品的品质特性，首先取决于云南大叶种鲜叶的固有成分，其次取决于由鲜叶初加工而成的晒青毛茶原料，最后才取决于后续加工工艺及贮藏条件。因此，作为原料的大叶晒青毛茶的品质对于普洱茶产品品质形成具有重要的影响。对晒青毛茶进行理化检测结果是评价晒青毛茶质量等级及品质的重要依据。从云南茶产业发展的角度讲，提高普洱茶品质首先还得从原料质量入手。

不同晒青毛茶原料的成分含量具有一定的差异。这些差异主要源于茶树品种、产地、原料等级等，但树龄差异并不明显。另外，与茶鲜叶相比，某些成分在晒青毛茶原料加工过程中出现了明显变化，如茶多酚、儿茶素等成分含量有明显下降，而茶红素的含量明显上升（均值达到 8%）。这些变化说明，鲜叶加工过程中部分多酚类物质发生了氧化。在加工生产不同品质特征普洱茶产品的原料准备过程中，科学选择与拼配组合不同大叶晒青原料是有必要的。

为了解产区对普洱茶成分的影响，以西双版纳和普洱（原思茅）产晒青毛茶原料为例进行了对比分析，结果表明西双版纳产原料的多酚类物质、水浸出物高于思茅产区，但茶红素、茶褐素、寡糖和灰分含量则是思茅产区的原料略高。这说明，普洱茶水溶性成分具有一定的产区差异性。

通常，老树茶比台地茶滋味醇和。因此，普洱茶市场上存在一种说法：老树茶（鲜叶源于树龄大于 50 年的茶树）比台地茶品质好，老树茶中的茶多酚、儿茶素略高于台地茶，而黄酮、茶黄素、茶红素、茶褐素的考量则略低。虽然老树茶与台地茶的树龄及栽培方式有所不同，但它们都是云南大叶种，二者化学组成差异并不显著。事实上，普洱茶的品质特征是由原料、加工方法和贮藏条件共同决定的。所以，老树茶品质一定优于台地茶的说法缺乏充分的科学依据，有待于进一步探讨。

香气是茶叶的重要品质之一。不同产地毛茶的某些挥发性成分具有明显差异，利用单一原料有可能制成带有地域香的特色普洱茶产品。要获得优质、稳定以及香气与滋味更加丰富协调的普洱茶，科学的原料拼配是极为关键的技术。

三、普洱茶加工中的化学成分

云南普洱茶是以云南大叶种茶树的鲜叶经摊放、杀青、揉捻、日晒（干燥）等工序制成的晒青毛茶为原料，经筛分选剔、拼配匀和、蒸压成型、干燥制成普洱生茶，或是将原料拼配匀和，经“渥堆”（微生物固态发酵）、出堆以及筛分、选剔、分级，热蒸干燥或压制成型，再干燥制成各种形状的普洱熟茶。普洱熟茶以晒青毛茶的内含成分为基质，在微生物分泌的胞外酶的酶促作用、微生物呼吸代谢产生的热量和茶叶水分的湿热作用的协同下，发生以茶多酚转化为主的一系列复杂而剧烈的化学变化，从而形成普洱茶特有的品质特征和独特的保健功能。20 世纪 70 年代进行人工发酵加速生产的普洱熟茶已成为当前普洱茶的主流品种之一。普洱生茶的加工工艺相对简单，加工过程的物质变化也相对较少。在普洱茶加工过程中，各种化学物质的变化十分复杂，微生物固态发酵是普洱熟茶加工过程中一道特殊且重要的工序，历来被认为是普洱茶品质形成最为关键的工序。

（一）微生物固态发酵中酶活力的变化

1．纤维素酶

纤维素酶（cellulase，CE）是一种多糖水解酶，作用是水解纤维素和果胶质，使之变成小分子质量的水溶性糖。目前发现它是由三类具有不同催化反应功能的酶组成，包括外切 β-1，4- 葡萄糖苷酶（exoglucanase）、内切 β-1，4- 葡萄糖苷酶（endoglucanase）和纤维二糖酶（cellobiase），各组分之间协同作用。在固态发酵过程中微生物产生之前，纤维素酶和果胶酶已作为内源酶存在，二者均会引起可溶性糖的变化。纤维素酶可降解茶叶中的纤维素，纤维素再进一步转化产生一部分可溶性糖纤维素酶。在渥堆发酵过程中，揉捻叶粗老、硬脆、黏手感较差，而通过渥堆发酵后会逐渐软化，甚至还会出现泥滑现象，造成这一现象的原因可以从纤维素酶活性的变化得到解释。在普洱茶发酵过程中，多酚氧化酶、纤维素酶、果胶酶和蛋白酶活力均呈现先增加后降低的趋势。

2．果胶酶

果胶酶也属于多糖水解酶类，是一种内源酶，它包括果胶裂解酶、果胶水解酶、果胶酯酶和原果胶酶等。纤维素酶和果胶酶变化均会引起可溶性糖的变化，在黑茶加工中，果胶酶可催化果胶水解成小分子糖类物质，减少茶叶的刺激性，增强茶汤的醇和度，从而增加黑茶的品质风味。普洱茶发酵过程中微生物代谢产酶，导致纤维素酶和果胶酶活力逐渐上升，而可溶性糖含量呈现明显减少的趋势，这可能是由于虽然纤维素酶和果胶酶会促进可溶性糖的溶出，但是前期微生物生长需要可溶性糖提供一定的碳源，所以可溶性糖总量呈现下降趋势。有研究表明，在普洱茶微生物固态发酵的过程中果胶酶活力变化呈现先增长后降低的趋势，在发酵的 15 天左右达到最大值，后趋于下降。

3．多酚氧化酶

多酚氧化酶又称儿茶酚氧化酶、酪氨酸酶等，是一种含铜的氧化还原酶。1906 年首次从茶叶中分离出多酚氧化酶。它可以催化以儿茶素为主体的多酚类物质生成有色氧化产物茶黄素类和茶红素类。随着多酚类物质的变化，氧化酶类活性也会有显著变化，这些酶活性变化促成了茶叶独特品质的形成。湖南农业大学的研究表明，在黑茶的加工过程中，多酚氧化酶活力呈现由高到几乎没有活力又到活力增加的趋势，且后面表现出的多酚氧化酶同工酶谱带和鲜叶中的不一样，是新的多酚氧化酶，并且表明新的多酚氧化酶组分是微生物所分泌的胞外酶，正是这种胞外酶的作用使黑茶具有了特有的品质。普洱茶发酵过程中多酚氧化酶活力总体上呈现先急剧增加后逐渐降低的趋势，在固态发酵的第 10 天左右活性达到最强。

4．蛋白酶

蛋白酶是水解酶类的一种，可催化蛋白质的肽键水解成多肽和氨基酸，而氨基酸可进一步发生水解、脱羧、缩合等反应，形成茶叶的香气成分。因此研究普洱茶发酵过程中蛋白酶活力变化对普洱茶品质形成有重要意义。蛋白酶催化茶叶中的蛋白质水解形成各种氨基酸，不仅可以减少一些不溶性的复合物产生，而且能改善茶叶的香气和鲜爽度，提高茶汤的质量。发酵过程中的蛋白酶活力变化会引起氨基酸的相应变化，且氨基酸也为微生物生长提供所需的氮源或碳源。在红碎茶加工过程中，添加适量蛋白酶可使其氨基酸和茶红素含量提高，而茶褐素比例明显降低，加工后的红碎茶粗青气减少，滋味更加醇和，汤色变亮，香气也变好。普洱茶发酵前期，氨基酸随着蛋白酶的增加而增加，可能是由于微生物分泌的蛋白酶水解蛋白质，使得游离氨基酸的含量增高。发酵后期，氨基酸与蛋白酶均持续下降，这可能是因为氨基酸在微生物代谢过程中被部分消耗和降解，而且后期微生物代谢产酶能力下降。尽管蛋白水解酶不能使可溶性蛋白和氨基酸在量上有较多的积累，但是就其进一步参与各种反应、转化形成一系列芳香物质来看，蛋白酶对茶叶品质的形成，尤其是其香味的发挥起着十分重要的作用。

（二）固态发酵中主要内含物质的变化

1．固态发酵中多酚类物质的变化

（1）水溶性多酚类物质的变化。多酚类物质是茶叶中的重要活性物质，是多种酚类化合物的总称，以儿茶素为其主体成分，占多酚类物质总量的60%～80%，与茶的汤色、滋味和香气都有密切的关系。

茶鲜叶中的多酚类物质是形成普洱茶品质的最重要的物质基础。经过普洱茶固态发酵加工过程的复杂变化，总多酚类、总儿茶素、黄酮类物质、茶红素和水溶性寡糖均大幅度下降。其中，多酚类物质下降约60%，儿茶素类下降约80%，茶红素下降约90%，但茶褐素类物质大量增加，而茶黄素、水溶性总糖和灰分则变化不大。普洱茶加工过程中儿茶素的氧化聚合是其品质形成的重要途径，也正是多酚类物质在微生物的转化作用和湿热作用下发生了激烈的生化变化，从而形成了普洱茶红褐明亮、滋味醇厚、回甘的品质特征。

（2）普洱茶发酵过程中没食子酸的含量变化。普洱茶固态发酵过程中没食子酸含量的变化特征研究一直是茶学界关注的热点。儿茶素类的含量随着发酵时间的推移趋于减少，而没食子酸的含量则趋于增加。由于在普洱茶的发酵过程中产生的曲霉属等菌类具有很强的酯酶活性，所以黄烷-3-醇

等茶多酚类化合物经过强烈的酶促氧化后分解产生了没食子酸。因此，随着发酵的进行，黑曲酶、烟曲酶、谢瓦散囊菌、青霉属等微生物也开始增殖，在这些微生物产生的酯酶等作用下，酯型儿茶素类被水解产生了没食子酸。

此外，水解型单宁在微生物的作用下同样被分解产生了没食子酸。实验证明，第一次翻堆样的表没食子儿茶素没食子酸酯和表儿茶素没食子酸酯含量与晒青毛茶的含量相比减少了一半，与之相反，没食子酸的含量却比晒青毛茶增加了十倍左右。第一次翻堆样中的非酯型儿茶素的含量与晒青毛茶相比得到了显著（1%）的增加，表儿茶素的含量也略有增加等。非酯型儿茶素含量到第一次翻堆为止没有减少甚至不降反升，其原因也许是非酯型儿茶素虽作为微生物的营养源开始被消耗，但是酯型儿茶素通过水解产生的非酯型儿茶素补充了被微生物消耗掉的部分。事实上，固态发酵后期，表没食子儿茶素没食子酸酯和表儿茶素没食子酸酯等酯型儿茶素分解产生的非酯型儿茶素含量趋于枯竭，非酯型儿茶素的含量也趋于快速减少。此外，从第二次翻堆发酵开始到发酵结束，表没食子儿茶素没食子酸酯和表儿茶素没食子酸酯水解产生的没食子酸持续减少，远远小于没食子酸的增加量。因此，没食子酸的供给源除酯型儿茶素外还可能存在其他来源。从茶棓素、木麻黄素和1，4，6-tri-O-没食子酰基-β-D-葡萄糖等三种水分解型单宁的含量从发酵到结束都趋于减少的事实，可以推测水分解型单宁也是没食子酸的供给源之一。

（3）水不溶性酚类物质变化。普洱茶经过固态发酵过程的复杂变化，其多酚类物质大致可分为未被氧化的多酚类物质、水溶性的氧化产物和非水溶性的转化物三个部分。未被氧化的多酚类物质主要是残留的简单儿茶素类和少量其他小分子酚类成分，它们也是普洱茶主要的生理活性成分。多酚类物质的水溶性氧化产物主要是茶黄素、茶红素和茶褐素。在普洱茶加工过程中，80%左右的茶黄素和茶红素氧化、聚合，形成茶褐素，使其含量成倍增加且含量较高。茶褐素是普洱茶的特征品质成分，对其感官品质形成起到十分重要的作用。

2. 固态发酵中氨基酸的变化

普洱茶初制中滋味的形成，主要是呈味物质的氧化降解以及部分聚合作用，把鲜叶中刺激性、收敛性较强的化合物转变为醇和可口的物质，把显涩、苦、木质味、粗青味的物质转变为浓醇类型的物质，形成普洱茶特有的滋味。氨基酸是影响普洱茶色、香、味品质的重要成分，其种类和含量对普洱茶品质形成非常重要。其可与多酚类和糖类相互作用生成悦目色泽及具有挥发性的香气物质，从而参与普洱茶色泽和香气的形成。

研究发现，普洱茶中氨基酸的含量受原料品种、自然生态环境、茶菁嫩度及季节、加工工艺等影响。不同产地原料中氨基酸含量也不相同，但在发酵过程中均逐步下降至较低含量水平。固态发酵过程中，氨基酸大幅减少的原因主要是发酵过程中的特殊湿热条件下，发生氧化、降解和转化以及微生物消耗等，从而使含量降低，也为形成普洱茶独特的品质风格提供了一定的生化作用。

不同发酵工艺对氨基酸含量也有较大影响。新工艺（接种外源优势菌）和传统工艺发酵的普洱茶氨基酸含量表现出了极显著差异，在接种外源优势菌下，氨基酸含量下降较快。这可能与微生物滋生较多、消耗也越多有密切关系。

此外，不同原料的普洱茶固态发酵阶段样中的不同氨基酸含量变化也存在显著差异。对双江原料的固态发酵过程中氨基酸变化分析结果表明，从开始到出堆，氨基酸含量总体表现出下降的趋势。其中，茶氨酸变化剧烈，原料中含量较高，占氨基酸总量的61%，但一翻后已基本无法检出；组氨酸在加工中不断下降，到三翻时无法检出；异亮氨酸在加工中含量不断下降，到出堆时无法检出；脯氨酸在原料中未曾检出，一翻出现之后缓慢上升，到三翻时达到最高，之后趋于平稳；天冬氨酸在原料中含量很少，但在二翻时猛增，之后又不断下降；蛋氨酸、脯氨酸在原料中没有检出，三翻后出现；甘氨酸在一翻、二翻、三翻、四翻中检出，在原料和出堆样中均未检出，可能是加工中的中间产物；其他氨基酸如丝氨酸、谷氨酸、丙氨酸、胱氨酸都呈下降的趋势。对云南景东县原料的固态发酵过程中氨基酸变化分析结果表明，从原料到出堆大多数氨基酸含量也呈现下降趋势。茶氨酸在原料和出堆样中均未检出，而在一翻出现，占总量的59%，之后呈下降趋势；胱氨酸在加工中变化不显著；蛋氨酸在原料中未检出，到三翻时出现，出堆时含量达到最高；亮氨酸、缬氨酸、苯丙氨酸、赖氨酸则在二翻时达到最高，然后逐渐下降，但总体变化较平稳；精氨酸在加工初期增加较快，而到出堆时又急剧下降；甘氨酸在原料和出堆样中未能检出，发酵过程中在二翻出现，但含量变化不大；脯氨酸在原料中未检出，而发酵中却表现为不断上升的趋势，到三翻、四翻时达到最大，到出堆时含量反而下降。

总之，氨基酸对普洱茶的滋味、汤色、色泽均有良好影响。从感官审评来看，随着微生物固态发酵的进行，其特殊的“普洱滋味”逐步形成，汤色从黄绿逐渐转为棕褐，滋味醇正，显露出其独特的陈香。这可能因为氨基酸参与了发酵过程中的非酶性褐变，使成品茶外形色泽变得乌润，并使氨基酸与儿茶素的邻醌结合而成有机化合物。

3．固态发酵中生物碱的变化

咖啡因是茶叶中的特征性物质，同时也是茶叶中的重要风味物质，是重要的茶叶苦味呈味成分。三个嘌呤碱在固态发酵中的变化主要是甲基的转移，总生物碱含量略微增加。通过固态发酵，不同地区原料中咖啡因的含量都有上升，但上升幅度不大，其中景谷和勐海地区的原料分别在二翻和三翻时，咖啡因的含量出现了较大的波动。几种原料相比较，双江地区原料咖啡因的增幅最大，而镇康原料增幅最低。不同批次的发酵过程中，咖啡因的变化趋势并不一致，有时呈增加趋势，有时呈下降趋势。这可能与加工原料、加工工艺以及发酵条件的差异相关。

4．固态发酵中蛋白质的变化

蛋白质由 20 种 L- 氨基酸组成。茶叶蛋白质主要由清蛋白、球蛋白、醇溶蛋白和谷蛋白组成。谷蛋白、球蛋白和醇溶蛋白占总蛋白的 96.53%，不溶于水。可溶于水的清蛋白仅占总蛋白的 3.47%。茶鲜叶中蛋白质的含量占干物质总量的 20% 左右。水溶性蛋白在水溶液中呈胶体状态，对保持茶汤清亮和茶汤胶体溶液的稳定性有重要作用。蛋白质对茶叶品质的贡献主要表现在两个方面，一个是水溶性蛋白对茶汤品质的积极作用，另一个是部分蛋白质在加工过程中水解成为氨基酸而有利于提升茶叶风味品质。在普洱茶发酵过程中，可溶性蛋白质含量呈下降的趋势。可能的原因与微生物消耗、蛋白质发生水解或与其他物质反应形成不溶性物质有密切关系。

5．固态发酵中碳水化合物的变化

茶叶中含有 20% ～ 25% 的糖类化合物，包括纤维素、半纤维素、果胶、淀粉、单糖、寡糖及少量其他糖类。通常茶叶中的总糖是指水溶性的糖，包括单糖、寡糖及多糖类物质。单糖是一类不能再被水解的最简单的糖类物质，较有代表性的是葡萄糖；寡糖也称低聚糖，是指由 2 ～ 10 个单糖经脱水缩合由糖苷键连接形成的具有直链或支链的低度聚合糖类的总称；多糖是由许多单糖分子通过苷键连接而成的多于20个糖基的糖链。茶叶中非水溶性多糖主要有纤维素、半纤维素、淀粉和果胶物质等。粗纤维的含量反映了茶叶的老嫩；淀粉是贮藏物质，在加工中可转化为糊精和简单的糖类；果胶物质溶于水的部分可增加茶汤滋味和浓厚感，由于果胶具有黏性，在茶叶成形中起一定黏结作用。

在普洱茶发酵过程中，由于微生物的固态发酵作用，晒青毛茶中糖类成分发生了较为显著的变化，对普洱熟茶品质特征的形成具有积极作用。在固态发酵过程中，水溶性寡糖下降了一半以上，总糖和灰分则变化不大，水溶性茶多糖增加了约6倍。这可能是普洱茶在固态发酵过程中大量微生物滋生繁殖，许多非水溶性的碳水化合物如纤维素、半纤维素、原果胶、淀粉被分解所致。晒青毛茶表面比较完整光滑，细胞结构、纤维素、木质素等没有被破坏，但发酵后茶叶结构被破坏，微生物生长需要碳源，同时又可分泌一些酶将茶叶细胞结构破坏，其组成成分纤维素、半纤维素、原果胶等物质被降解。

碳水化合物、粗纤维、全果胶分别在葡萄糖淀粉酶、纤维素酶和果胶酶的作用下水解、氧化、缩合为可溶性糖、还原糖和水化果胶，到出堆时粗纤维、全果胶的含量分别是毛茶的69.09%和73.76%；水化果胶在三翻之前增加不明显，之后可能由于各种微生物滋生被消耗而减少，但到出堆时还是呈明显增加的趋势，与毛茶的含量相比多了0.97%。不溶性果胶的减少和水化果胶的增加对改善茶汤的澄清度和亮度有着一定的影响。究其原因，在普洱茶加工过程中，在湿热作用下，滋生了大量的微生物及其可能分泌的外源水解酶，如葡萄糖淀粉酶、纤维素酶和果胶酶等，能使茶叶中的不溶性多糖物质水解转化成可溶性糖类物质，这对提高普洱茶的香气、汤色和滋味有积极意义。

在普洱茶固态发酵过程中，可溶性糖含量的变化是波动的，总体趋势是先增后减。在晒青叶发酵过程中，可溶性糖的含量变化先是下降（一翻样），随后逐渐升高。下降的原因推测是由于微生物大量繁殖消耗了部分可溶性糖所致，而后又升高的原因，一方面可能是淀粉、果胶、纤维素等多糖在微生物和湿热作用下分解为可溶性糖，另一方面可能因微生物代谢产物中含有可溶性糖，最终导致可溶性糖增加。

茶多糖易溶于热水，是继茶多酚之后发现的又一重要的生理活性物质，也可能是普洱茶具有较好生理功效的一个重要基础。水溶性寡糖含量的下降可能与普洱茶固态发酵过程中大量微生物滋生繁殖有密切关系。因为一部分可溶性糖能被微生物用作碳源而消耗掉，剩余的才进入茶汤，这些物质在微生物的转化作用下发生了激烈的生化变化，从而形成了普洱茶滋味醇厚回甘的品质特征。因此，在固态发酵形成的普洱茶中，寡糖和多糖类物质的含量和组成具有独特性，可作为其品质判定的重要特征指标之一。

6. 固态发酵中香气类物质的变化

普洱茶独特的香气主要是在固态发酵过程中形成的，微生物、湿热作用对香气类物质的形成起到了重要作用。自 20 世纪 80 年代以来，学者先后对一些普洱茶的香气成分进行了研究，结果表明，普洱茶的香气成分主要是由萜烯类、芳环醇类、醛酮类、酚类、杂环化合物、酸酯类、碳氢化合物组成，它们的形成与微生物代谢关系密切。因此，普洱茶的香气类物质形成途径比绿茶、红茶等其他茶类要复杂得多。归纳起来，大致有微生物的发酵作用、热氧化降解作用、异构化与环化作用以及羰氨反应等途径。

在整个普洱茶固态发酵过程中，各茶叶样品中的香气组分，除醇类化合物相对含量总体上逐渐减少外，酮类、醛类、酸类、酯类等物质的相对含量总体上都处于增加状态；甲氧基苯类成分的种类和数量随着后发酵的进行都呈增加趋势，其中 1，2，3- 三甲氧基苯是杂氧化合物中含量最丰富的成分，在渥堆结束阶段含量达到最高。这些芳香族化合物的综合变化，使普洱茶的香气由渥堆发酵前的清香变为普洱茶特有的陈香。在渥堆过程中，条件控制适当，有利于形成普洱茶特有香气物质，否则会产生一些不良的气味，如酒糟气、酸辣气甚至腐臭气，这些气味物质（如吲哚）在高浓度条件下会严重影响普洱茶品质。

云南三大主要普洱茶产区原料在发酵过程中芳香物质的变化规律，总体上香气成分类似，但表现出一定的产区地域特征。来自普洱的晒青原料在普洱茶发酵初期，茶样主要的香气成分有 3，7- 二甲基 -1，6- 辛二烯 -3- 醇丙酸酯、植醇、2- 乙氧基丙烷、*n*- 棕榈酸、苯胺。化合物类别主要以醇类、烃类、酸类为主；到了发酵中期，主要香气成分包括 3，7- 二甲基 -1，6- 辛二烯 -3- 醇丙酸酯、*n*- 棕榈酸、植醇（phytol）、芳樟醇和 4- 苯基吡啶等。主要以醇类、酸类等化合物为主；发酵后期，主要香气成分有苯胺、植醇、二苯胺、*n*-

棕榈酸、2-己基辛醇，主要以烃类、醇类、酸类等类型化合物为主。来自西双版纳的晒青原料在普洱茶发酵初期主要以碳氢化合物、醇类为主，发酵中期主要以醇类、酸类为主，发酵后期，主要以碳氢化合物、酸类为主。来自临沧的晒青原料的香气成分在普洱茶发酵初期主要以醇类、碳氢化合物为主，发酵中期主要以碳氢化合物、醇类、酸类为主，发酵后期主要以碳氢化合物、醇类、酸类及其他类香气化合物为主。

四、普洱茶成品中的化学成分

成品普洱茶包括普洱生茶和普洱熟茶。因为加工工艺的不同，二者的理化特征具有非常显著的差异，风味品质特征也迥然不同。相比较而言，普洱生茶中的茶多酚、儿茶素、茶氨酸等特征成分的含量显著高于普洱熟茶，这些特征成分会随着存放时间的延长呈现逐步下降的趋势，下降的速度与存放环境的温度、湿度、通风情况密切相关。普洱熟茶中茶褐素的含量显著高于普洱生茶，含量可能超过干物质重的10%。

（一）普洱生茶理化指标及品质特征

普洱生茶的加工工艺流程为：云南大叶种晒青毛茶→蒸压定型→干燥。

普洱生茶紧压茶色泽黄绿或墨绿，形状端正匀称、松紧适度、不起层脱面；撒面茶应包心不外露，内质香气清醇、滋味浓厚、汤色明亮，叶底肥厚黄绿。普洱生茶理化指标应符合表2-6的规定。

表2-6 普洱生茶理化指标

项目	指标（%）
水分含量	≤13.0*
总灰分含量	≤7.5
水浸出物含量	≥35.0
茶多酚含量	≥28.0

注：*净含量检验时计重水分为10.0%。

（二）普洱熟茶的理化指标及品质特征

普洱熟茶的品质特征为色泽红褐油润、内质汤色红浓明亮、香气独特陈香、滋味醇厚回甘、叶底红褐。该品质特征决定于熟茶独特的化学物质组成，固态发酵（渥堆）的加工工艺是熟茶品质成分及品质特征形成的关键环节。实验表明，不同地区的普洱茶熟茶成分含量存在一定的差异，表现较突出的主要是多酚类、黄酮类、茶红素、茶褐素、水浸出物及总糖等。GB/T 22111—2008规定了普洱熟茶的理化指标评价标准，如表2-7所示。

表2-7　普洱熟茶理化指标

项目	指标（%）	
	散茶	紧压茶
水分含量	≤ 12.0*	≤ 12.5*
总灰分含量	≤ 8.0	≤ 8.5
粉末含量	≤ 0.8	—
水浸出物含量	≥ 28.0	≥ 28.0
粗纤维含量	≤ 14.0	≤ 15.0
茶多酚含量	≤ 15.0	≤ 15.0

注：* 净含量检验时计重水分为10.0%。

五、普洱茶贮藏中的化学成分

普洱茶和其他茶类相比，耐贮藏是其独到的特征。在良好的贮藏条件下，可长期保存并促进品质优化。经过一定时间贮藏的普洱茶品质会更好，故有“越陈越香”的贮藏价值、养生价值和投资增值空间。经生产实践和科学实验证明，温度、湿度、光线、负氧离子、生态环境等贮藏条件能直接影响普洱茶内含物质的转化，使普洱茶中的茶多酚、氨基酸、蛋白质、咖啡因、可溶性总糖以及香气成分等物质的比例变得更加协调，进而改善和提高普洱茶风味。

（一）普洱茶贮藏过程中茶多酚及儿茶素的变化

多酚类物质是形成普洱茶品质的重要活性物质，其滋味苦涩，有较强的刺激性，对茶汤的滋味、色泽和香气的变化发挥着重要的作用。在普洱茶贮藏过程中，多酚类物质易发生自动氧化，首先脱氢而成为醌，再进一步聚合而形成褐变物质，如茶红素、茶褐素等。随着贮藏时间的延长，茶黄素、茶红素和茶褐素三者之间的转化及相互比例直接影响着普洱茶的感官品质。

短期的贮藏实验研究表明，普洱茶生茶在贮藏过程中，茶多酚在前 3 个月逐渐降低，在第 4 个月时略有增加，之后快速下降。普洱茶熟茶中的茶多酚含量变化幅度小，总体呈下降趋势。不论是生茶还是熟茶，贮藏到第 8 个月茶多酚含量降低幅度最大。贮藏过程中茶多酚的变化，一方面可能是由于残存的一些氧化酶（如多酚氧化酶）会加快残余儿茶素及黄酮类物质的再次氧化聚合；另一方面，可溶性茶多酚还会经自动氧化聚合成高分子物质，温度越高，贮藏时间越长，氧化聚合越快，茶多酚下降幅度就越大。此外，也可能存在茶叶中的不溶性茶多酚（主要是指与蛋白质结合的那部分茶多酚）在贮藏过程中，被转化为可溶性茶多酚。总体而言，普洱茶在自然贮藏过程中多酚类物质呈现不同程度的降低，普洱茶生茶含量变化最为明显，下降幅度较大，而普洱茶熟茶变化相对较平缓。

以儿茶素为主的黄烷醇类化合物占茶多酚总量的 60% ～ 80%，儿茶素含量最高的几种组分为表没食子儿茶素没食子酸酯、非酯型儿茶素、表儿茶素没食子酸酯、表儿茶素、没食子儿茶素、儿茶素。在普洱茶的贮藏过程中，儿茶素的含量变化总体来说是下降的。

普洱茶生茶中含有较高的儿茶素类物质，在常温（23℃）和 35℃条件下贮藏，儿茶素含量有下降的趋势。在 23℃和 35℃条件下贮藏至 8 个月时，儿茶素含量与贮藏 1 个月、2 个月、3 个月、7 个月时的含量，其差异达到极其显著的水平。在 35℃条件下贮藏较 23℃条件下贮藏变化更快，说明贮藏温度对儿茶素影响较大，高温可加速儿茶素氧化。在 23℃条件下贮藏，没食子酸酯、非酯型儿茶素、表儿茶素含量在贮藏过程中有所上升，表没食子儿茶素没食子酸酯和单体总量呈下降趋势。在 35℃条件下，没食子酸酯有所上升，非酯型儿茶素、表没食子儿茶素没食子酸酯、表儿茶素、表儿茶素没食子酸酯等儿茶素单体及儿茶素总量逐步下降。

普洱茶熟茶由于经历了微生物固态发酵的过程，儿茶素大部分被氧化，少量残留的儿茶素类成分在贮藏过程中将继续被氧化。

（二）普洱茶贮藏过程中氨基酸和蛋白质的变化

氨基酸是影响茶汤滋味的重要物质之一，对茶汤色泽也有较明显的影响，其含量与茶叶品质呈显著正相关。氨基酸在一定的温湿度条件下会发生氧化、氧化偶联聚合、降解和转化，并与多酚类、糖类起反应生成褐色色素。普洱茶在贮藏过程中，氨基酸的含量和种类都发生一定的变化，其在新普洱茶中含量最高，随着时间的延长，含量会降低。氨基酸的转化对茶汤品质而言，既有有利的一面，又有不利的一面。一些氨基酸具有鲜甜味，有一些氨基酸具有苦涩、酸涩味，因此，氨基酸的变化对普洱茶的品质有较大影响。一是增进茶汤滋味，多数氨基酸属于滋味物质，如茶叶中含量最高的茶氨酸就具有味精的鲜爽味，而含量较低一些的是谷氨酸，具有酸鲜味；二是氨基酸与糖类物质发生羰氨反应，形成褐色物质，有助于普洱茶外观色泽的改善。

在短期的贮藏实验中发现，氨基酸的变化呈波动性，一方面可能与可溶性蛋白的分解有关；另一方面可能与氨基酸的氧化降解以及与其他物质聚合成不溶性物质有关。长时间的贮藏实验表明，储藏 3 年以上的普洱茶，其氨基酸含量已相当低，仅为当年产普洱茶的 20% ～ 40%。其中丝氨酸、甘氨酸、丙氨酸、异亮氨酸、亮氨酸、组氨酸、色氨酸未检出。在 3 ～ 8 年的贮藏年限中，仅有缬氨酸、苯丙氨酸、赖氨酸、精氨酸、脯氨酸一直存在，但含量变化高低起伏，呈波浪线，各组分变化趋势大致相同，而精氨酸在普洱茶氨基酸成分中仍然含量最高，其含量占总量的 34.20% ～ 50.90%。说明普洱茶是一种有生命力的茶品，其在贮藏过程中的各种不确定因素（水、气、湿、热等）造成了普洱茶品质发生不断的变化。试验发现贮藏过程中氨基酸变化呈波浪线，贮藏后氨基酸总量明显下降，其组成及比例也发生了明显的变化，其降解的主要影响因素及降解机理和产物也有待于进一步研究。

短期贮藏实验表明，无论是普洱生茶，还是普洱熟茶，随着贮藏时间的延长，可溶性蛋白质的含量均增加。其中普洱生茶在贮藏前 4 个月中，其含量从贮藏前的 2.93% 增加到 3.70% 以上；普洱熟茶在 35℃条件下贮藏，变化趋势和普洱生茶相似，表现为在贮藏前 4 个月含量上升，后期减少。

普洱茶长期贮藏研究也表明，随着存放时间的持续，普洱茶中的茶多酚（主要为儿茶素）、氨基酸等成分呈现下降趋势，茶褐素呈增加趋势，咖啡因的含量相对稳定。各种成分的转化速度与存放环境的温度、湿度、通风状况、光照等因素关系密切。

（三）普洱茶贮藏过程中咖啡因的变化

咖啡因是普洱茶中含量较多的一种生物碱，是构成茶汤的重要滋味物质，是形成茶汤苦味的主要成分。总体来说，由于咖啡因本身具有很稳定的物理特性，在贮藏过程中，相对于其他生化成分，其含量变化较小。有研究发现，将同一批普洱生茶茶样置于四个不同气候条件的地区（广州、上海、昆明、香港）进行贮藏，三年后对比检测，发现四个地区的茶样中咖啡因的含量差异不大。也有研究发现，随着存放时间的延长，普洱生茶的咖啡因含量呈减少趋势，而普洱熟茶咖啡因含量却呈增加趋势。一些学者的研究表明将普洱熟茶贮藏于干、湿仓中，其咖啡因含量均呈波动性增加；而普洱生茶的咖啡因含量则与贮藏环境有关，贮藏于干仓的波动性减少，贮藏于湿仓的则递增，这与渥堆发酵普洱熟茶加工过程中咖啡因含量增加相似。

（四）普洱茶贮藏过程中可溶性总糖的变化

糖类物质对普洱茶品质有重要的影响，可溶性糖的存在和转化对茶叶的汤色和滋味有直接的影响，并且还间接影响到茶叶的香气，是形成茶汤甜醇味的主要物质。有研究发现，随着贮藏时间的延长，普洱生茶和普洱熟茶在不同贮藏阶段总糖变化均呈上升趋势，普洱茶茶汤中的可溶性总糖含量增加。普洱生茶在 23℃条件下，贮藏到 8 个月时总糖含量与其他贮藏时间下的总糖含量之间的差异极其显著，而在 35℃条件下贮藏到 8 个月时总糖含量与除了第 7 个月以外其他贮藏时间下的总糖含量之间的差异极其显著；普洱熟茶在 23℃条件下贮藏到 8 个月时总糖含量与贮藏前 4 个月总糖含量之间的差异极其显著，普洱熟茶在 35℃条件下贮藏到 8 个月时总糖含量与其他贮藏时间下的总糖含量之间的差异极其显著。这可能是随着贮藏时间的延长，热化学作用使茶叶内源物质发生改变，也可能是在此温度下微生物的活动分泌各种水解酶，使各种高分子不溶性物质，如纤维素等分解成小分子可溶性物质如果胶等，从而提高了茶汤中的可溶性总糖含量。可溶性总糖含量的提高，增加了普洱茶的黏稠度和甜度。

（五）普洱茶贮藏过程中香气成分的变化

目前公认茶叶中的主要香气成分有萜烯类合成物、糖苷降解产物、美拉德反应和脂类氧化降解产物。普洱茶特有的“陈香”与普洱茶原料、发酵过程中微生物的参与以及后期贮藏都有很大关联。在贮藏过程中，普洱茶的香气成分变化很大，挥发性香气的含量降低，但香气组成成分种类数增加，低沸点和高沸点的组成比例相对减少，中等沸点的香气组成比例增加。在普洱茶的贮藏过程中，辛二烯醇、庚二烯醛、戊烯醇等成分的增加是产生独特陈香的原因。一些含有“烟味”的普洱生茶可通过高浓度负氧离子贮藏使茶叶中芳樟醇及其氧化物中含有“烟味”的杂异物质明显降低，从而改善了茶叶的整体品质。

短期的贮藏实验发现，普洱生茶和普洱熟茶在贮藏过程中共检测出 70 多种香气成分，其中 21 个组分在不同温度条件下贮藏的普洱生茶和熟茶中均有检出，在贮藏过程中，香气成分变化很大，有些香气成分在贮藏前未检出，在贮藏过程中检测出，而有些成分则是贮藏前和贮藏过程中都有检出。

将普洱生茶贮藏前茶样、贮藏 3 个月及 8 个月的茶样分析香气组成成分，结果显示主要的香气成分为具有百合花香或玉兰花香的芳樟醇、棕榈酸（十六烷酸）、十八碳二烯酸、十八碳三烯 -1- 醇；其次为植醇、α- 松油醇、香叶醇、橙花醇及其衍生物等。具有清香的苯酚含量也较高。贮藏实验表明，无论贮藏温度高低，有 28 种香气物质在贮藏 8 个月后未能检测到，但也检测出 15 种贮藏前没有检测出的香气物质。这些香气物质有具有紫罗兰香的 β- 紫罗兰酮环氧化物、具有茉莉花香的茉莉酮、邻苯二甲酸二辛酯、苯酚衍生物等。对于普洱生茶而言，在 35℃以下贮藏有利于提高普洱生茶的香气品质。

普洱熟茶在贮藏过程中，香气成分变化很大。在短期（3 个月）贮藏过程中，也有大量芳香族类化合物形成，如 1，2，3- 三甲氧基苯、4- 乙基 -1，2- 二甲氧基苯、3，4- 二甲氧基甲苯、邻苯二甲酸二丁酯、邻苯二甲酸二辛酯等。但贮藏 3 个月以后，许多香味物质含量下降，甚至检测不到，如芳樟醇氧化物、1，2，3- 三甲氧基苯等。与此同时，一些香气物质的含量则持续增加，如橙花醇、α- 柏木醇、十四烷酸、棕榈酸、邻苯二甲酸二辛酯及二十一烷等。具有油臭味和粗老气的 1- 戊烯 -3- 醇和 2，3- 庚二烯醛在贮藏 3 个月后消失了。有 6 种香气物质在贮藏前没有检测到，这些物质是 β- 紫罗兰酮环氧化物、2，2′- 二甲基二苯乙烯、2，2′- 二甲基二苯乙烯异构体、6，10，13- 三甲基 -2- 十五烷酮、邻苯二甲酸二辛酯。

六、普洱茶风味的化学成分

（一）茶叶风味

茶叶风味是茶叶外观与内质作用于人的感官（嗅觉、味觉、口腔其他感觉接受器、视觉）产生的感觉，它是茶叶的重要性质之一，强烈影响着茶叶的接受性，影响人的食欲和消化液分泌，影响茶叶的市场生命力。狭义上，茶叶的香气、滋味和入口获得的香味统称为茶叶风味。广义上的茶叶风味是视觉、味觉和触觉等多方面感觉的综合反映。而茶叶风味在化学中则被定义为研究茶叶风味、风味组成、分析方法、生成途径、变化机理和调控的科学。

（二）普洱茶风味物质

1. 普洱茶的味感

呈味物质溶液刺激口腔内的味感受体，然后通过一个收集和传递信息的神经感觉系统传导到大脑的味觉中枢，最后通过大脑的综合神经中枢系统的分析产生味感。味感的产生是神经传递的结果。

呈味物质的结构、温度、浓度以及溶解度等都会影响味感。各种呈味物质之间或呈味物质与其味感之间的相互影响，以及它们所引起的心理作用，都是非常微妙的，机理也十分复杂。总体上讲，茶叶的味感主要有甜醇味、回甘味、苦味、涩味、鲜味、陈香味等。

2. 普洱茶的风味物质

风味物质是指能够改善口感，赋予茶叶特征风味的化合物。普洱茶风味物质由多种不同类别的化合物组成，通常根据味感与嗅感特点分类，如苦味物质、甜味物质、香味物质等。研究表明，同类风味物质不一定有类似的分子结构特点，如咖啡因等苦味茶叶生物碱的共同结构特点是具有嘌呤碱，但香味物质结构则差异很大。除少数几种味感物质作用浓度较高以外，大多数风味物质作用浓度都很低。很多嗅感物质的作用浓度在 10^{-6}、10^{-9}、10^{-12} 数量级。虽然风味成分含量通常很低，但会对人的食欲及偏好产生极大作用。很多能产生嗅觉的物质易挥发、易热解、易与其他物质发生作用，因而在茶叶加工中，哪怕是工艺过程中的微小差别，都将导致普洱茶风味有很大的变化。

（1）苦味物质。单纯的苦味是不可口的，但在调节味觉和丰富食品的风味等方面可发挥独特的优势，同时苦味在克服人的味觉疲劳方面也有一定的作用。苦味物质包括无机盐类和有机物，无机盐类有些有苦味，如 Ca^{2+}、Mg^{2+}、NH_4^+等。一般来说，质量与半径比值大的无机离子都有苦味。有机物中苦味物质更多，咖啡因被认为是普洱茶中的主要苦味物质。另外，绿原酸、黄酮类成分、某些氨基酸、小分子肽等也具有一定苦味。

普洱茶中的主要苦味物质是咖啡因，其特点是无臭、有苦味，能溶于冷水，易溶于热水。在红茶中的咖啡因能和茶黄素、茶红素等品质成分形成复合物，提高茶汤的鲜爽度。有学者认为茶汤的鲜爽度是由咖啡因和茶黄素形成的复合物所致。普洱茶中咖啡因的含量大多在 3% ～ 4%，各地会因原料、加工方法等不同而存在差异，在普洱茶茶汤中，咖啡因主要与茶褐素、茶红素、多糖、蛋白质类物质缔合在一起，从而降低了咖啡因的刺激性和苦味，因而普洱茶滋味较绿茶和红茶更柔和，显示出醇和的一面。

此外，儿茶素类也具有苦味，在绿茶茶汤中对滋味的影响较大。茶中的儿茶素类可分为非酯型儿茶素（包括儿茶素、表儿茶素及表没食子儿茶素等）和酯型儿茶素。普洱生茶中酯型儿茶素含量较高，苦味较重。在普洱茶固态发酵过程中，由于微生物酶促作用和湿热作用，茶多酚、儿茶素类物质基本被氧化。通过对 155 个市售普洱茶样品的测定表明，茶多酚最低含量为 7.08%，最高为 18.41%，平均含量为（12.70±2.95）%，总儿茶素最低含量为 0.91%，最高为 4.78%，平均含量仅为（2.13±0.88）%。相比绿茶而言，苦味物质已经显著降低，这也是普洱熟茶基本没有苦味的重要原因。

（2）涩味物质。当口腔黏膜蛋白质凝固时，会引起收敛的感觉，此时感觉到的滋味就是涩味，因此涩味是由于刺激到触觉的神经末梢而产生的。涩味通常是由于单宁或多酚与唾液中的蛋白质缔合产生沉淀或聚集体而引起的，主要涩味物质是多酚类的化合物，尤其是其中的酯型儿茶素类。因加工方法不同，各种茶叶的涩味强弱程度也不一样，一般绿茶中多酚类含量多，而普洱茶经发酵后，由于多酚类的氧化使其含量降低，因此涩味比绿茶弱。

（3）甜味物质。甜味是许多人喜爱的味道，甜味物质不但可以满足人们的嗜好，同时也能改进食品的可口性和某些食用性质，并且可供给人体热能。甜味的高低称为甜度，蔗糖为测量甜度的基准物质，规定以 5% 或 10% 的蔗糖溶液在 20℃时的甜度为 1（或 100），其他各种糖与之相比较而得。糖的甜度受很多因素影响，其中重要的因素是浓度。一般随着糖溶液的浓度增大，其甜度也增高，但增高的幅度对不同的糖来说也不一样，如低浓度下葡萄糖的甜度低于蔗糖，但其甜度随浓度增高的程度比蔗糖大，当质量分数达到 40% 以上时，两者的甜度就很难区别了。

在糖类中凡能形成结晶的都具有甜味，水溶性糖是茶汤甜味的主要来源，也是构成茶汤滋味成分之一，并参与香气的形成。水溶性果胶溶解于茶汤中也可增进茶汤浓度和甜醇滋味。通过对 155 个市售普洱茶样品的测定表明，可溶性总糖最低含量为 5.25%，最高为 11.74%，平均含量为（9.23±1.40）%，这是普洱茶甜醇滋味的重要物质基础。

此外，茶中的一些氨基酸类除了表现鲜味外，也表现甜味，包括茶氨酸、谷氨酸、天冬氨酸、谷氨酸、天冬酰胺、L- 甘氨酸胺等，D- 苯丙氨酸还表现出强甜味。茶氨酸是茶叶中特有的游离氨基酸，具有鲜甜味。茶氨酸占干茶重量的 1% ～ 2%。茶氨酸在化学构造上与脑内活性物质谷酰胺、谷氨酸相似，是茶汤生津润甜的主要成分。

茶褐素和茶红素色泽棕红，是普洱茶汤色“红”的主要成分，也是茶汤滋味浓度和强度的重要物质，但其刺激性不如茶黄素，滋味甜醇，有甜香味。通过对 155 个市售普洱茶的茶黄素、茶红素、茶褐素含量的分析，它们的最低含量分别为 0.09%、0.15% 和 1.57%，最高含量分别为 0.34%、4.55% 和 12.76%，平均含量分别为（0.19±0.07）%、（2.37±1.12）% 和（9.37±2.55）%。由此可见，茶褐素对普洱茶的滋味有重要影响。

（4）鲜味物质。鲜味是食物的一种复杂美味感。鲜味物质有氨基酸、核苷酸、酰胺、肽、有机酸等。鲜味的主要成分是谷氨酸钠、5′- 肌苷酸、5′- 鸟苷酸和琥珀酸。在天然氨基酸中，谷氨酸和天冬氨酸的钠盐及其酰胺都有鲜味。

茶叶中所含的氨基酸大部分是在制茶过程中由蛋白质水解而来的，是提高茶叶鲜爽度的重要物质。目前，在茶叶中发现的氨基酸种类有 26 种。但游离氨基酸很少，占干物质的 1% ～ 3%。普洱茶中的可溶性氨基酸平均含量为 1.76%。茶叶中分析出来的主要氨基酸有茶氨酸（甜鲜味、焦糖香）、谷氨酸（鲜味）、天冬氨酸（酸味）、精氨酸（苦甜味）以及丝氨酸等。其中，茶氨酸、天冬氨酸、谷氨酸三种含量较多，占茶叶氨基酸总量的 80%。

茶氨酸约占 60%，是茶叶中特有的氨基酸，是组成茶叶鲜爽香味的重要物质之一。氨基酸与多酚类化合物、咖啡因协调配合，可增强茶叶香味的浓度、鲜爽度。

此外，茶黄素也影响着茶汤的浓度、强度和鲜爽度，尤其是强度和鲜爽度，但其在普洱茶中的含量极少，对普洱茶的滋味贡献较低。

（5）“回甘”物质。对于“回甘”，尚缺乏系统性研究。好茶经常会带有回甘，回甘的强度与持久性也经常被作为评判好茶的标准。在实际生活中，我们经常有“苦尽甘来”的说法，回甘与生津都是物质作用的结果，茶汤中含有许多咖啡因、儿茶素、绿原酸、黄酮等苦味成分以及一些游离有机酸，如苹果酸、柠檬酸、琥珀酸等，它们会刺激唾液腺的分泌以产生“生津回甘”的感觉。这些成分导致茶汤入口后即感到苦味，人的感官自动调整以适应这种苦味，而当苦味物质入胃后，感官依然保留这种错觉，以致会产生一种回甘的感觉。普洱茶中黄酮平均含量达（2.70±1.58）%，可能对普洱茶的回甘味有一定影响，虽然茶叶中没有报道过黄酮可以产生回甘，但橄榄的类黄酮（苦味成分）如橄榄苦苷、黄酮和多酚类化合物，初入口时表现出苦涩味，稍后却感觉到一种自然的甜味。橄榄类黄酮就是其能回甘的主要原因，而且类黄酮含量越高，回甘就越明显，气味越醇厚。此外，部分表儿茶素也表现出一定的回甘。

（6）酸味物质。酸味是由于舌黏膜受到氢离子刺激而引起的，因此凡是在溶液中能电离出氢离子的化合物都具有酸味。酸味的强弱不仅与氢离子浓度或 pH 值有关。在相同的 pH 值时，有机酸的酸感比无机酸要强，因为舌黏膜对有机酸阴离子比对无机酸阴离子容易吸附。酸味物质的阴离子还能对食品的风味有影响，多数有机酸具有酸味，而无机酸却具有苦涩味。茶叶中的有机酸多为游离有机酸，如苹果酸、柠檬酸、琥珀酸、草酸等。在普洱茶固态发酵过程中，茶叶潮水量过多、发酵温度偏低以及翻堆不及时均会造成茶叶发酸，甚至发馊，对茶叶品质影响较大，需要控制。这种酸味是非常忌讳的，属于非正常酸味。

（7）香气物质。普洱茶的香气物质主要来自加工和贮藏环节。与云南普洱茶密切相关的具有陈香特征香气的成分主要为杂氧化合物，如 1，2- 二甲氧基苯、3，3- 二甲氧基甲苯、1，2，3- 三甲氧基苯、3- 乙基 -1，2- 二甲氧基苯、1，2，3- 三甲氧基苯、3，4，5- 三甲氧基甲苯、1，2，3，3- 四甲氧基苯等，以及不同的芳樟醇氧化物，包括顺式芳樟醇氧化物（呋喃）、反式芳樟醇氧化物（呋喃）、芳樟醇氧化物（顺式吡喃型）、芳樟醇氧化物（反式吡喃型）以及茶褐素类物质（具有甜香味）等，是普洱茶陈香及甜醇滋味的重要组成。

七、普洱茶功能涉及的化学成分

《本草纲目拾遗》等众多医学典籍中对茶、普洱茶的保健功效做了丰富但不成体系的记载。“茶为万病之药”是古人对茶叶保健功效的朴素表达。基于现代科学技术的大量实验研究结果表明，普洱生茶和普洱熟茶具有一定的健康保护作用。普洱生茶和普洱熟茶的功效成分有显著差异，二者的生理功能也大为不同，普洱生茶以抗氧化延缓衰老为主，普洱熟茶以调理肠胃调节代谢功能为主。各种健康功效成分是普洱茶丰富的保健功效的物质基础，赋予了普洱茶特殊的生理功能和风味品质。现有研究成果表明，品质成分通常也是功效成分。茶多酚及其氧化产物、茶氨酸、咖啡因、茶多糖等都是普洱茶重要的功效成分。

（一）茶多酚类活性成分

茶多酚既是普洱茶的主要风味成分，也是普洱茶重要的功能性成分。研究表明，以表没食子儿茶素和没食子酸酯为主的茶多酚是绿茶的主要降脂活性成分。

后发酵茶的普洱熟茶，其降脂效果表现更佳。普洱生茶中的多酚主要以儿茶素类等小分子多酚为主，富含酚羟基的结构特征赋予了普洱生茶较强的清除自由基活性功能，故普洱生茶与大多数绿茶一样，表现出较为突出的清除自由基而达到抗氧化的作用。普洱熟茶中的小分子多酚含量显著降低到干茶质量的 10% 左右，多酚氧化聚合产物茶褐素成了普洱熟茶中重要的生理活性成分，表现出良好的降脂减肥等作用，其作用机制与肠道微生物代谢调节密切相关。大量研究结果表明，茶多酚的摄入量与人类慢性病发病率呈负相关。茶多酚及其氧化物具有抗辐射、抗突变、抑制肿瘤、延缓衰老、调节免疫等诸多生理作用，要想保持普洱茶饮料的保健功效，在加工或贮藏过程中有必要保留一定的茶多酚含量 10% ～ 15%。通过对云南十多家茶企的代表性茶产品的理化成分研究得出，不同产地、不同级别的普洱茶的茶色素组成及含量差异较大，如茶黄素在 0.1% ～ 0.4%，茶红素在 0.7% ～ 5.4%，茶褐素在 7% ～ 12.6%。因此，从健康学角度而言，饮用茶色素含量较高的普洱茶具有保健价值和意义。

（二）茶氨酸

茶氨酸的化学名称为 N- 乙酰氨基谷氨酸，是茶叶中特有的游离氨基酸，其化学结构与脑内活性物质谷酰胺、谷氨酸相似。普洱生茶中茶氨酸含量为 1% ～ 2%。茶氨酸可以明显促进脑中枢多巴胺的释放，提高脑内多巴胺的生理活性，能有效地降低大鼠自发性高血压，还可提高学习和记忆的能力。茶氨酸含量在熟茶加工过程中大幅减少，研究表明，其在发酵过程中与儿茶素 C-8 结合形成了儿茶素的 N- 乙基 -2- 吡咯烷酮衍生物，该类衍生物可能是熟茶中茶氨酸的重要存在形式，其通过饮用进入人体后可能降解释放出茶氨酸和儿茶素而起到重要的生理功效。

（三）水溶性糖类活性成分

1．茶多糖

茶多糖是由糖类、蛋白质、果胶和灰分等组成的复合物，茶叶复合糖中，多糖部分为阿拉伯糖、木糖、岩藻糖、葡萄糖和半乳糖等，其组成比例为 5.25 ：2.21 ：6.08 ：44.20 ：41.99。茶叶原料的种类、分离纯化方法不同，其茶多糖组成和含量会有差异。近年来越来越多的研究成果表明，茶多糖是普洱茶的另一重要生理活性成分，在相对粗老、成熟的原料中含量较高。研究表明，茶多糖具有降血糖、降血脂、抗血凝、抗血栓、清除自由基、防辐射、增强免疫力等生理作用，降血糖作用是普洱熟茶中非常值得关注的重要生理活性作用。

2．寡糖

寡糖是由 2 ～ 10 个单糖单位组成的糖类的总称。寡糖经肠道细菌发酵后，可以形成有利于矿物质吸收的肠道环境，尤其是钙、镁等微量矿物质。研究表明，寡糖有乳酸菌的保健效果，却比乳酸菌更能突破胃酸的破坏，进入肠道中受细菌所利用，所以寡糖有膳食纤维的生理功能，却没有膳食纤维会抑制矿物质吸收的缺点。普洱茶中寡糖含量在 1% ～ 6.5%。其含量因品种、原料级别、加工工艺不同而有较大差异，且寡糖含量中有益寡糖、果寡糖的比例是普洱茶饮用后保健效果的重要指标，尚需深入研究。寡糖含量的高低可作为衡量普洱茶质量的一个重要指标。

（四）生物碱类活性成分

茶叶中的生物碱主要为嘌呤类生物碱，包括咖啡因、可可碱和茶碱。源于云南大叶种的普洱茶中生物碱含量相对较高，一般而言，咖啡因是其最主要成分。醒脑提神是咖啡因最重要的生理功效；此外，茶叶生物碱都具有一定的利尿排毒功效。与茶多酚、茶氨酸等成分存在显著差异，检测结果表明，普洱生茶、普洱熟茶中的咖啡因含量不存在显著差异，但咖啡因的存在形式明显不同。因此，饮用普洱熟茶不会像饮用普洱生茶那样容易影响睡眠。

综上所述，调理肠胃、增强代谢是普洱熟茶的主要健康保健特点，具体体现在暖胃、减肥、调节血脂异常等方面。

八、普洱茶安全涉及的化学成分

“民以食为天，食以安为先”，强调安全性是食品质量的最重要组成部分。作为一种受消费者广泛喜爱的茶品，普洱茶的安全性极其重要，是决定普洱茶产品能否作为商品和饮品的基本条件，也是普洱茶产业可持续发展的前提。

（一）普洱茶安全危害因子来源

1. 重金属元素污染

茶树生长的土壤对茶叶的质量安全有一定的影响，若土壤中有害元素含量较高或者受到铅等重金属的污染，则茶叶可能残留高含量的重金属。因此，茶叶的产地在一定程度上会影响茶叶质量安全。下面分别介绍茶叶中潜在的重金属污染风险。

（1）铅。茶叶中的铅是目前人们关注最多的重金属元素之一，含量大多在 2.0 毫克 / 千克左右。茶叶中的铅溶出率很低，一般均小于 10%，我国茶叶中重金属残留限量国家标准规定，茶叶中铅的最高限量为 5.0 毫克 / 千克（以 Pb 计），因此绝大部分茶叶都是安全的。

（2）铜。铜是生物体必需微量元素，参与造血过程及铁的代谢，参与一些酶的合成和黑色素合成。由于铜器具有杀菌作用，有人称铜是“健康的卫士”，一些发达国家的医疗器械就是铜制的；用铜壶烧开水泡茶喝，不仅好喝而且有益健康。铜在人体内主要存在于肌肉中，组成具有多种生理功能的铜蛋白。但是如果人体内铜含量过多，会引起低血压、咯血、黄疸、肝坏死等疾病，增加心血管病的死亡率。当铜的浓度积蓄到一定量时，就会对人体或茶树产生毒性，严重危害健康。有研究表明，缺铜会导致营养性贫血，白癜风、骨质疏松和胃癌、食管癌等病症。在 GB/T 22111—2008 里尚未列入铜的检测限量。

（3）镉。可溶性镉化合物属中等毒类金属毒物，能抑制体内的各种巯基酶系统，使组织代谢发生障碍，也能损伤局部组织细胞，引起炎症和水肿。镉被吸收进入血液后，绝大部分与血红蛋白结合而存在于红细胞中，以后逐渐进入肝肾等组织，并与组织中的金属硫蛋白结合。镉在各脏器中的分布以肾最多，其次为肝、胰、甲状腺等。可溶性镉化合物对人体产生毒性的含量为 15 ～ 30 毫克 / 千克。我国茶叶中重金属残留限量行业标准规定，镉的残留限量为 1 毫克 / 千克（以镉计），但在 GB/T 22111—2008 里尚未列入镉的检测限量。有研究采用原子分光光度法、全消解等方法分析云南普洱、保山、西双版纳、大理等主要茶区的茶园土壤样品中的主要重金属铅、镉、铜的含量，并结合茶园土壤重金属评价标准和茶园土壤污染分级标准进行了污染评价，结果表明云南省主要茶区茶园土壤中这三种重金属含量均较低，主要茶区茶园土壤基本上未受铅和镉等重金属的污染，茶园土壤环境质量总体良好，符合有机茶园土壤环境质量标准。

2．其他化学元素潜在危害

（1）砷。砷在农业生态系统中或多或少都存在。长期以来，人们把砷和砷化物看成污染元素。有研究表明，砷是一种人类生命必需元素，在人体内含量恒定，参与人体正常的生命活动，人体缺砷，就会导致机体功能的减弱，若摄入过量就会损害人体健康，有致癌的危险。2000 多年前砷化物在我国就已入药，我们的祖先利用砷化物灭菌防腐、除湿祛寒、消肿祛病。微量砷对许多植物有刺激作用并能改善其品质。我国茶叶行业标准中元素砷的残留限量为 2 毫克 / 千克（以 As 计）。

（2）氟。茶叶中的氟主要来自土壤，土壤酸性大时茶树叶中的氟含量高。

茶树吸收氟的多少与土壤中的阳离子有关。成熟叶和老叶的氟含量随着土壤水溶性氟含量的增加呈增加趋势，土壤中水溶性氟的含量与交换性铝、锰的含量呈极显著的负相关，与交换性钾、镁，有效态磷的含量呈极显著的正相关，与交换性钠的含量呈显著正相关。交换性钙是影响土壤氟形态分布的重要因素。茶叶中含有钙、磷、铝、镁等元素时，在贮藏过程中能与氟离子形成难溶的盐（如 CaF_2、MgF_2，AlF_3）等，从而使茶汤中氟的浓度下降。目前对黑茶中的氟元素引起氟中毒的现象的研究较多，但对普洱茶中氟含量情况以及长期大量饮用普洱茶可能引起的潜在风险研究较少，且不系统。有研究结果表明，茶树本质上是一种氟高富集的山茶类植物，富集的能力大约是其他山茶类植物的几十倍甚至上百倍。氟是人体健康生长中必不可少的重要元素之一，其主要通过饮水和饮食进入人体中。适量的氟有助于人体的健康，但当环境系统（水体和土壤）中易被人体吸附的氟过多时，极有可能导致人体氟中毒现象的发生。摄入过量的氟对人体有害，会导致慢性氟化物中毒，主要临床表征为出现氟斑牙和慢性氟骨病。另外，如果空腹摄入大量的氟，会引起急性肠胃黏膜出血，出现四肢抽搐等中枢神经症状。

（3）铝。对于茶树而言，偏酸性富铝的土壤是最适合茶树生长的环境，但是在全球土壤酸化的严峻背景下，酸化的土壤往往会成为牵动土壤养分恶化的起因。对于植物而言，铝毒性的最明显症状和最有害影响是抑制根的生长，最终降低农作物的产量。较低浓度的铝可诱导茶树的枝条和根的生长，而较高浓度的铝会随着叶片和茎的成熟而增加。虽然茶树自身属于耐铝聚铝植物，然而一旦土壤酸化严重，就会导致过量的铝在茶树体内积累，从而对植物产生毒害。铝在茶树叶片中的富集会在一定程度上增加铝进入人体的风险，泡茶过程中会释放更多铝，从而进入人体造成铝元素的滞留，影响身体健康，即使在食品安全方面这也是一个亟待解决的问题。

研究表明，不同普洱茶产品的可溶性氟和铝元素含量变化都很大，可溶性氟和铝元素的变化范围分别在 39.05 ～ 112.71 毫克 / 千克和 245.43 ～ 991.45 毫克 / 千克。

3．农药残留

农药是指在农业生产中，为保障、促进植物和农作物的生长，所施用的杀虫、杀菌、杀杂草的一类药物的统称，包括用于防治害虫以及调节植物生长、除草等药剂。根据原料来源可分为有机农药、无机农药、植物性农药、微生物农药。此外，还有昆虫激素。下面介绍部分农药在普洱茶中的残留限量。

（1）溴氰菊酯。溴氰菊酯为广谱性拟除虫菊酯类杀虫剂，别称敌杀死、凯安宝、凯素灵。它是目前最高效的杀虫剂，以触杀和消毒作用为主，对害虫有一定的驱避与拒食作用。溴氰菊酯为中等毒杀虫剂，对人的皮肤及眼黏膜有刺激作用，对人、畜毒性中等。GB/T 22111—2008 规定溴氰菊酯限量标准要求不高于 5 毫克 / 千克，欧盟限量标准要求也不高于 5 毫克 / 千克。

（2）氯氰菊酯。氯氰菊酯中文别称灭百可、兴棉宝、安绿宝、赛波凯等，具有触杀和胃毒作用。该药残效期较长，为中等毒性杀虫剂，对鱼类毒性高，对鸟类毒性低，对蜜蜂、蚕剧毒。未见慢性蓄积及致畸、致突变、致癌作用。GB/T 22111—2008 规定氯氰菊酯限量标准要求应不高于 0.5 毫克 / 千克，欧盟限量标准要求也不高于 0.5 毫克 / 千克。

（3）联苯菊酯。联苯菊酯为除虫菊酯类杀虫剂，别名氟氯菊酯、天王星、虫螨灵、毕芬宁，具有触杀和胃毒作用，兼具驱避和拒食作用，无内吸和熏蒸活性。其作用迅速，持效期长，杀虫谱广，作用迅速，在土壤中不移动，对环境较为安全，残效期长。联苯菊酯毒性为中等毒性，对人、畜、蜜蜂毒性中等，对鱼、家蚕毒性很高，无致畸、致癌、致突变作用。GB/T 22111—2008 规定联苯菊酯限量标准要求应不高于 5 毫克 / 千克，欧盟限量标准要求也不高于 5 毫克 / 千克。

（4）氯菊酯。氯菊酯为高效、低毒杀虫剂，属神经毒剂，原来可用于防茶树害虫。目前在茶树上限制使用。GB/T 22111—2008 规定氯菊酯限量标准要求应不高于 20 毫克 / 千克。

4. 有害微生物

尽管微生物在人类生活的各个方面被广泛应用，但部分微生物也给人们带来了巨大的危害。

（1）大肠菌群和致病菌。大肠菌群是指具有某些特性的一组与粪便污染有关的细菌，这些细菌在生化及血清学方面并非完全一致，一般认为该菌群细菌可包括大肠埃希菌、柠檬酸杆菌、产气克雷伯菌和阴沟肠杆菌等。大肠菌群是评价食品卫生质量的重要指标之一，目前已被国内外广泛应用于食品卫生工作中，其中 GB/T 22111—2008 规定大肠菌群标准要求应不高于 300MPN（MPN 是大肠菌群的计量单位）/100 克。

致病菌是能引起人类疾病的细菌的统称。在众多的细菌中，绝大多数细菌都能与人类和平共处，只有少数细菌会对人体造成伤害，这部分给人类带来疾病的细菌被称为致病菌。在普洱茶的安全性评价体系中，致病菌指标属于禁止性指标，即普洱茶不允许被致病菌污染，要求不得检出沙门菌、志贺菌、金黄色葡萄球菌、溶血性链球菌等致病菌。

（2）真菌毒素。真菌毒素是一类由真菌产生的毒性二次代谢产物，广泛污染农作物、食品及饲料等植物源性产品。目前已知的有 2 000 多种，包括黄曲霉毒素、棕曲霉毒素、展青霉素、脱氧雪腐镰刀菌烯醇、玉米赤霉烯酮、橘青霉素、孢子毒等。虽然现行的《食品安全国家标准　食品中真菌毒素限量》（GB/T 2761—2017）中并没有对普洱茶作出明确的规定，但鉴于普洱茶发酵过程中有大量微生物的生长，发酵中可能存在杂菌的污染，且贮藏过程中温湿度控制不当时也可能会有真菌毒素的污染，因此，茶叶科研、加工人员应当科学认识和重视普洱茶的真菌毒素风险评估，实现普洱茶的清洁化加工，通过接种安全菌种、实时监控发酵过程等措施改良工艺，控制普洱茶的安全性风险。

（二）普洱茶质量与安全控制

普洱茶的安全与风险控制的有效提升，离不开以下重要措施：普洱茶从栽培、植保到标准制定、监测以及风险评估预警系统的全程防控；对危害因子进行安全性评价以及开展体内外干预研究；对普洱茶加工过程中的关键控制点进行评估；研究普洱茶安全分析监测的新技术、新方法；评价污染物的来源并开发残留控制技术。加强普洱茶安全性评价，能够有效地促进解决农残超标、重金属污染、真菌毒素污染等限制我国茶叶出口的问题。

1．普洱茶质量与安全现状

茶叶质量安全风险主要包括农药残留、有害重金属残留、有害微生物等。近年来，随着我国启动的“无公害食品行动计划”和在茶叶生产中禁用、停用一大批剧毒、高残留农药，我国茶叶农药残留状况明显好转。普洱茶也由于实施了《地理标志产品　普洱茶》（GB/T 22111—2008）标准和生产 SC 食品生产许可制度，质量安全有了重要保障。

2．普洱茶质量与安全控制措施

为保证普洱茶产品在生产、加工、贮藏、流通中的卫生可靠，必须采取一系列措施来确保普洱茶产品的卫生安全，保证普洱茶产业的健康发展。这一系统包括普洱茶生产卫生全程控制，对普洱茶生产技术领域研究及成果的推广应用，如无公害茶、有机茶、绿色食品茶、危害分析与关键控制点（HACCP）、良好生产规范（GMP）系统的推广应用；相关法律法规及标准体系的制定和实施，如《中华人民共和国食品安全法》、SC 食品生产许可制度的实施，食品卫生标准、茶叶卫生标准、普洱茶卫生质量标准的制定，普洱茶产品质量检测监督体系的建立，对普洱茶产品的安全性评价等内容。

下述安全措施的实施有助于降低普洱茶质量安全风险。

（1）规范普洱茶加工工艺，实现清洁化加工。

（2）实施危害分析与关键控制点。

（3）严格执行 SC 食品生产许可制度。

（4）立足无公害普洱茶生产，大力发展绿色普洱茶和有机普洱茶。

（5）严格遵守《中华人民共和国食品安全法》。

第三节　茶叶加工中化学成分的变化分析

一、多酚类物质的变化与普洱茶品质的关系

多酚类物质含量的多少除与品种、原料、产地环境等关系密切外，同加工技术关系更为紧密。固态发酵过程中茶多酚含量、儿茶素总量变化趋势一致，随着固态发酵时间的延长而逐渐减少。

在发酵过程中，湿热环境促使微生物大量生长和繁殖，分泌大量的外源水解酶、胞内酶（多酶氧化酶、抗坏血酸氧化酶和过氧化物酶）、胞外酶等酶类，在这些酶的协同作用下，茶多酚也发生深刻的转化，使苦涩、浓烈型滋味的成分被氧化降解而大量减少，醇和型呈味物质大量增加，形成普洱茶所具有的独特的醇和、回甘的品质，茶多酚的保留量也使得滋味并不淡薄，且仍有相应的保健功效。

茶鲜叶中的多酚类物质是形成普洱茶品质的最重要物质。云南晒青毛

茶的加工过程中，杀青是利用高温钝化茶树鲜叶多酚氧化酶的活性来发展香气的一道重要工序。在普洱茶初制过程中，茶叶多酚物质含量的变化趋势呈双峰曲线。杀青过程中，通过酶促氧化和加热，多酚类化合物产生氧化缩合，其含量呈下降趋势。在揉捻工序，由于多酚氧化酶的活性被完全钝化而使酶促氧化完全停止，故多酚类物质损失较少；又由于揉捻叶受到机械力的破坏，少量不溶性多酚类物质转化为可溶性多酚类物质，使多酚类物质含量回升。

经过普洱茶加工过程的系列变化，茶叶中茶多酚含量大幅度下降。多酚类物质减少了 50% ～ 70%，儿茶素类物质减少了 70% ～ 80%，特别是酯型儿茶素损失最多，但简单儿茶素却有一定程度的增加。

普洱茶在加工过程中经过化学变化，多酚类物质大致可分为未被氧化的多酚类物质、水溶性的氧化产物和非水溶性的转化物三大部分。

未被氧化的多酚类物质主要是残留儿茶素类。这些残留儿茶素类物质也是普洱茶主要的生理活性成分之一。

多酚类物质的水溶性氧化产物，目前认为主要是茶黄素、茶红素和茶褐素。在普洱茶加工过程中，80% 左右的茶黄素和茶红素氧化、聚合，形成茶褐素，使其含量成倍增加，在固态发酵过程中，茶叶中的主要化学成分大量减少，唯独茶褐素大量增加，且含量较高，并在感官品质中起到十分重要的作用，这说明茶褐素是普洱茶中较为独特的品质成分。但到目前为止，关于茶褐素的具体结构和种类及其形成机制尚未研究清楚。

多酚类与蛋白质的不可逆结合是导致普洱熟茶加工过程中水不溶性茶多酚增加的主要原因。这主要来自两个方面：一是儿茶素氧化后的邻醌，以及茶红素和茶褐素，均易与蛋白质发生结合，形成水不溶物；二是儿茶素等多酚类物质本身，在一定条件下，也能跟蛋白质发生结合作用，转化成不溶性的结合态物质。有研究认为，非水溶性转化物主要是茶多酚与蛋白质结合形成不溶于水的那一部分存在于叶底的多酚类。

普洱茶在发酵过程中，多酚类的氧化主要依靠微生物及湿热作用完成，以致普洱茶与红茶所具有的氧化产物及品质特征存在不同。在加工过程中，普洱茶与红茶中的茶多酚类物质经“发酵”而氧化，但两者由于“发酵”的方式及条件不同，选用的原料不同，所产生的结果也存在很大不同。

在渥堆过程中，茶多酚含量逐渐降低；含水量高，则茶多酚含量下降快。

随着渥堆时间的延长，茶多酚含量下降了58%。这可能是由于茶多酚的氧化产物（TB）大大增加，使茶叶的滋味逐渐由苦涩转为醇厚、甘和，其半成品中仍保留有一定量的茶多酚，因此导致普洱茶虽经渥堆但滋味并不淡薄。且多酚类物质的变化与温度和渥堆时间密切相关，即温度越高，渥堆时间越长，多酚类物质含量就越低。

此外，发酵茶叶中茶多酚的水解将酯性儿茶素水解为简单儿茶素类，而酯性儿茶素苦涩味重，收敛性强，简单儿茶素先苦后甘，收敛性较弱，爽口，有利于茶叶滋味醇和爽口，其他的多酚类物质如苷类物质，可以水解为苷元和糖体，消除了苷类物质的苦味。这些都是有利于普洱熟茶滋味的形成。

因此，在加工过程中多酚类物质的变化及其在成品中的含量对普洱茶的品质有着深刻的影响。

二、儿茶素的变化与普洱茶品质的关系

在由云南大叶种鲜叶加工成云南晒青绿茶过程中，茶叶中儿茶素含量降低幅度较大，主要表现为酯型儿茶素水解，表没食子儿茶素没食子酸酯、表儿茶素没食子酸酯含量下降。

在渥堆过程中，随着渥堆时间的延长，儿茶素总量逐渐减少。普洱熟茶由于需经过固态发酵或长期贮存陈化加工而成，其间发生了系列的氧化、聚合、缩合等反应，普洱熟茶中所含儿茶素总量减少约75%以上，其中酯型儿茶素至渥堆完成时已无法检测到，表儿茶素没食子酸酯剧烈地减少。

没食子酸即3，4，5-三羟基苯甲酸，又称五倍子酸。没食子酸广泛存在于植物界，是植物水解单宁的重要组成成分。在茶叶中，没食子酸是茶多酚的重要组成单元，常以酯的形式连接在儿茶素的3位羟基上，形成一系列的酯型儿茶素衍生物。没食子酸有显著的抗氧化活性，并有抗菌、抗炎、抗肿瘤、抗突变等生理活性。

没食子酸在普洱熟茶中的含量较高，在1%～2%，是普洱熟茶的一个特征性、具生理活性的简单酚类化合物。不同产地的晒青毛茶没食子酸含量不同；晒青毛茶固态发酵加工过程中没食子酸的含量遵循着先上升后下降的变化规律，其成品普洱熟茶中没食子酸含量因生产厂家不同而差异较大，有的比原

料高 10 倍，有的与原料基本一致，这也表明普洱熟茶中没食子酸含量可能受加工工艺的影响很大。

三、氨基酸的变化与普洱茶品质的关系

氨基酸对普洱茶品质的影响非常重要，在普洱熟茶固态发酵过程中，氨基酸的种类和含量发生一定程度的变化，使得生产出的普洱茶品质也相应发生变化。

日本的饭野等人研究了普洱茶氨基酸的组成及含量，结果表明，每 100 克普洱茶中含有 15.84 毫克氨基酸，而在普洱茶固态发酵中，发现茶叶中蛋白质水解使可溶性氨基酸含量在发酵初期有较大幅度增加，但由于长时期的微生物作用和湿热作用，成品中茶氨基酸总量大幅下降，可由鲜叶的 0.21% 减少到 0.16%，相当于最初总量的 1/10。鲜叶中含量较多的茶氨酸、谷氨酸、天门冬氨酸逐渐减少，而赖氨酸、苯丙氨酸、蛋氨酸、缬氨酸及异亮氨酸等氨基酸均有增加。氨基酸显著下降的原因，主要是长期的湿热作用使部分氨基酸发生分解、氧化、水解、脱羧、脱氨以及作为微生物氮源而被消耗。

有研究发现，在普洱茶微生物固态发酵过程中，各种氨基酸含量有增有减，很不一致，其中游离氨基酸总量减少，在普洱茶固态发酵完成时，蛋氨酸、脯氨酸、氨有较大量的增加，甘氨酸、胱氨酸略有减少，其余氨基酸则都大幅减少，下降了 70% 以上，其中茶氨基酸较晒青原料减少可达 90% 左右，游离氨基酸总量减少率在 50% 以上，高的可达近 90%。

云南大叶茶的晒青毛茶经后发酵制成普洱茶，研究结果表明，茶氨酸含量显著降低。这可能是由于在湿热条件和微生物催化作用下茶氨酸较易降解为谷氨酸和乙酰胺。

有研究认为成品普洱熟茶的氨基酸含量，低的只有 0.18%，高的可达 1.24%，平均含量一般在 0.4% ～ 0.5%，但普洱熟茶中氨基酸有 19 种之多，其组分相当完全，含量较多的是谷氨酸、天门冬氨酸、亮氨酸。

四、糖类物质的变化与普洱茶品质的关系

结合表 2-8，微生物从固态发酵至固态发酵结束时，总糖含量呈增加趋

势，普洱茶中糖类化合物增加的主要原因是固态发酵过程中，根霉分泌各种水解酶、胞外酶（如果胶酶、纤维素酶等多糖氧化酶），使各种高分子不溶性物质纤维素和半纤维素分解成小分子可溶性物质多糖类，从而提高了茶汤中的可溶物质糖类化合物的含量，使普洱茶的口感变得醇和，而可溶性糖的增加也使得普洱茶茶汤具有一定的黏稠度，表现在感官上即所谓的“甘”。

表 2-8　不同原料相同固态发酵中总糖含量

单位：%（以干基计）

茶样 \ 总糖含量 \ 处理	原料 1	原料 2
原料	4.96	5.50
一翻	5.89	6.41
二翻	6.39	5.83
三翻	5.45	5.77
四翻	7.89	5.85
五翻	5.74	5.74
六翻	5.42	—
出堆	6.07	5.52

在普洱熟茶固态发酵过程中，可溶性糖含量的变化虽有波动，但其含量变化的总趋势是下降的。同时，由于微生物的大量繁殖，作为微生物碳源的可溶性糖的消耗也随之增加，而可被分解的碳水化合物含量逐渐降低。此外，由于可溶性糖还可与氨基酸产生美拉德反应，因此，在渥堆后期，可溶性糖含量逐渐降低。另外，渥堆叶在渥堆中酸度的提高与糖的降解也有一定的关系。

日本名古屋女子大学将积祝子教授等分析了普洱茶及几种黑茶的游离还原糖等成分，结果表明，云南绿茶由于固态发酵及仓储促使茶叶中糖类显著氧化降解而致使茶中糖类总量下降。云南绿茶中可溶性糖含量为71.1%（干基含量），而普洱散茶中可溶性糖只有20.3%，普洱沱茶中约有36.1%。

通过研究分析黑茶初制中纤维素酶活性的变化情况，与发现渥堆完毕时其活性是渥堆前的 3 倍，因此，渥堆过程中纤维素酶活性的提高可能是由于微生物在代谢过程中分泌了胞外酶。通过对黑茶制造中的果胶酶活性变化的研究可知：果胶酶活性变化趋势与纤维酶活性相似；黑茶渥堆过程中果胶酶活性提高是由于微生物代谢过程分泌了不同于鲜叶源果胶酶的胞外酶，从而为果胶的水解提供了有效的生化动力。这说明渥堆工序可促使多糖降解为可溶于水的单糖，从而增加了茶汤的甜醇味，而且果胶具有良好的胶凝化和乳化稳定作用。水溶性果胶含量的提高，使普洱茶的茶汤更加滑口。

在渥堆工序中总水溶性碳水化合物含量的提高与普洱茶特有的陈香与醇和、甘滑滋味的形成有一定关系；加工过程中粗纤维含量呈下降趋势，与云南普洱茶品质的形成有一定关系；加工过程中水化果胶含量提高（果胶物质具有黏稠性），与云南普洱茶滋味醇厚、具有“滑口”感有着密切的关系。

经研究发现，随着发酵时间的延长，茶叶中的水溶性寡糖下降了 65%；在常温条件下贮放 16 年后的晒青毛茶，寡糖的含量与新制绿毛茶相比变化不大；水溶性多糖的变化也非常显著，第四次翻堆样的多糖含量约为一翻样的 5.7 倍，这可能是普洱熟茶固态发酵过程中大量滋生繁殖的微生物将非水溶性多糖分解为水溶性碳水化合物所致。这也为普洱熟茶良好的生理功效奠定了一个重要基础，水溶性寡糖含量下降，也可能与普洱熟茶固态发酵过程中大量微生物滋生繁殖有密切关系，一部分可溶性糖能被微生物用作碳源而消耗掉，剩余的才进入茶汤。

五、咖啡碱的变化与普洱茶品质的关系

作为普洱熟茶生物活性物质之一，普洱熟茶中咖啡碱的含量是衡量普洱熟茶质量的一个重要指标，其与品质呈正相关，与茶汤苦味的相关系数为 0.879。

由表 2-9 分析可知，不同地区原料利用根霉进行固态发酵，发酵过程中咖啡碱含量呈缓慢上升趋势。

表 2-9 不同晒青原料霉固态发酵中咖啡碱含量

单位：%（以干基计）

茶样＼咖啡碱含量＼处理	原料 1	原料 2	原料 3
原料	3.95	2.96	4.17
一翻	3.92	3.39	4.50
二翻	3.94	3.34	4.92
三翻	3.83	3.35	4.66
四翻	3.99	3.27	4.71
五翻	3.85	3.24	4.25
六翻	3.96	—	4.14
出堆	3.96	3.57	4.18

固态发酵过程中咖啡碱含量的增加，与有益菌根霉的分泌代谢产物有关，且能有效地丰富普洱茶的滋味，提高普洱茶的保健功效。咖啡碱的含量在普洱茶固态发酵过程中呈增加趋势，但咖啡碱在固态发酵过程中增加的机理还有待进一步研究。咖啡碱含量的增加主要有益菌的作用，已有研究表明，在茶叶发酵过程中，霉菌可以增加咖啡碱的含量，而且在霉菌中，黑曲霉的作用最大，其可以显著增加咖啡碱的含量。

普洱熟茶初制中滋味品质的形成，主要是呈味物质的氧化降解以及部分聚合作用，把原为刺激性、收敛性强的含碳和含氮化合物转化为醇和可口的物质，将含涩、苦、木质味、粗青味的物质转变为浓醇类型的物质，形成普洱熟茶特有的滋味。咖啡碱、可可碱和茶碱在普洱熟茶初制过程中的变化不大。三类嘌呤碱在固态发酵中的变化主要是甲基的转移，咖啡碱、可可碱和茶碱总量均有少量的增加，这些碱类物质主要影响茶汤的苦味。

咖啡碱含量在普洱茶发酵过程中主要发生甲基转移。专家对普洱茶固态发酵过程中的咖啡碱、茶多酚含量变化进行研究，结果表明，咖啡碱总含量是随着发酵进程延长而呈增加趋势。另外还发现一般成品普洱熟茶中的咖啡碱约为 4%。而通过对日本黑茶的研究表明，咖啡碱含量在渥堆 7 天时略有提高，渥堆 3 ～ 14 天趋于稳定，渥堆 25 天则大幅度提高（较鲜叶提高了 68%）。对湖南黑茶初制过程的研究表明，咖啡碱在整个过程中呈现先降后升趋势，可可碱、茶碱则刚好相反。

六、芳香物质的变化与普洱茶品质的关系

日本的川上美智子等学者从中国黑茶（砖茶）中检测出132种香气成分，认为渥堆茶中成分的改变，主要是微生物发酵和氧化的结果，许多新形成的有典型霉味和陈香的物质，如1，2-二甲氧基-3-甲基苯等物质，都是通过霉菌的作用发生甲基化反应形成的。普洱茶在渥堆及仓贮中儿茶素已大量氧化降解，特别是酯型儿茶素的降解更为显著，并产生了大量没食子酸及没食子酰基。通过进一步的研究认为，普洱茶香气组分中1，2-二甲氧基-3-甲基苯、1，2-二甲氧基-3-乙基苯及1，2，3-三甲氧基-3-乙基苯的增加，为没食子酸及没食子酰基的羟基甲基化所致。

西南农业大学龚正礼等发现微生物渥堆发酵普洱茶中的β-紫罗兰酮、巨豆三烯酮、二氢猕猴桃内酯、吡嗪类和吡咯类的种类和含量都比其原料要多。

中国科学院昆明植物所周志宏等研究发现：晒青毛茶的主要香气成分为芳樟醇、α-松油醇和香叶醇及其衍生物，普洱茶香气成分的重要特点在于渥堆过程中形成了大量芳香族化合物，如1，2，3-三甲氧基苯等，而萜类香气成分大幅度降低，甚至彻底消失。普洱茶香气成分的组成与其不同品种原料晒青毛茶有显著的差异，由于加工工艺和贮藏条件与时间的不同，不同来源的普洱茶之间的香气成分也有明显的差别。

结合图2-7、图2-8分析可知：

（1）晒青毛茶的香气成分主要由具有柔和、浓青带甜、轻扬透发的紫丁香、铃兰与玫瑰花香的芳樟醇，α-松油醇和香叶醇及其衍生物组成，这些香气成分在根霉的作用下随着发酵的进行而减少，至发酵结束时，其减少幅度分别为84%、61%、69%。

（2）利用有益菌进行固态发酵，普洱茶香气成分主要由发酵过程中形成或增加的大量芳香族化合物之间的组成和含量比例相互协调影响。

（3）发酵过程中增加的芳香族化合物主要有具有杏仁气味的苯甲醛，含量增加了1.24%；具有清香、醛香、鸡肉香气的（E，E）-2，3-庚二烯醛，含量增加了0.97%；具有浓郁的玉簪花香气的苯乙醛，含量增加了2.09%；具有强烈的花木香气的芳樟醇氧化物；具有典型陈香的1，2，3-三甲氧基苯、3，4，5-

三甲氧基甲苯；具有天然茉莉花、西芹籽香气的茉莉酮；具有紫罗兰花香气、暖和木香的 α- 紫罗兰酮、β- 紫罗兰酮。

（4）发酵过程中产生的芳香族化合物主要有具有典型陈香的 1，2- 二甲氧基苯、3- 乙基 -1，2- 二甲氧基甲苯。

（5）发酵过程中减少的芳香族化合物主要有特殊的苦辣气味的糠醇。

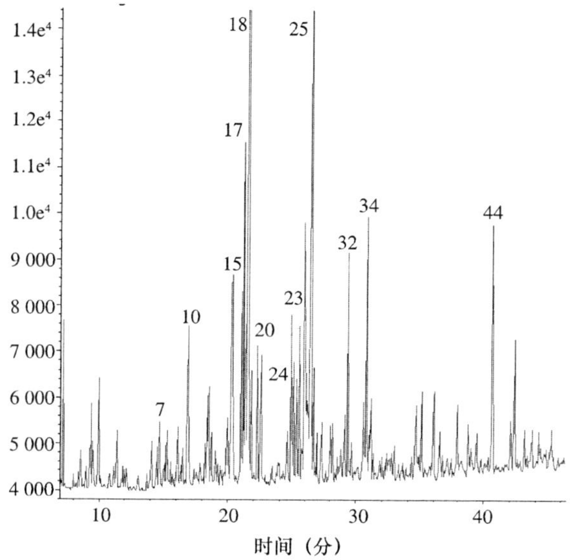

图 2-7　晒青原料精油总离子流图

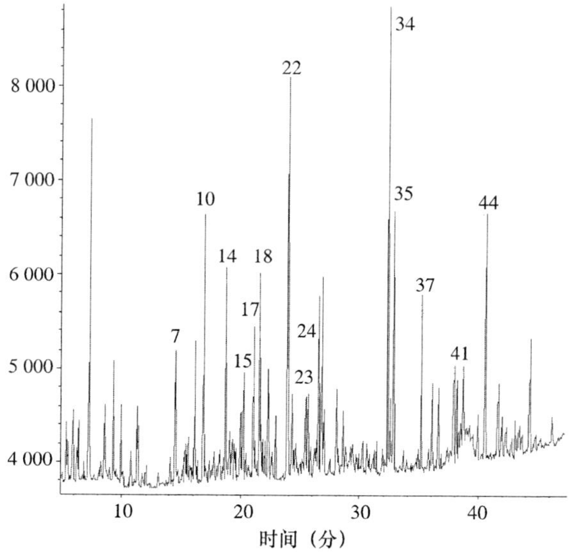

图 2-8　固态发酵样精油总离子流图

七、色素的变化与普洱茶品质的关系

茶叶中的色素化合物分为茶鲜叶中的天然色素（如花青素、儿茶素、黄酮类）和加工过程中形成的色素（茶黄素、茶红素、茶褐素）两类。影响普洱茶干茶色泽、汤色以及叶底颜色的色素类物质主要是加工过程中产生的色素物质。

1．茶黄素（Theaflavin，TF）

茶黄素是多酚类物质氧化形成的一类能溶于乙酸乙酯的、具有苯并卓酚酮结构的化合物的总称。茶黄素呈橙黄色，易溶于水、甲醇、乙醇、丙酮和乙酸乙酯，难溶于乙醚，不溶于氯仿和苯。水溶液呈鲜明的橙黄色，紫外分光在380 纳米与 460 纳米处有最大吸收峰，具有强刺激性。

茶黄素是具有收敛性的一类色素，其含量占红茶固形物的 1% ～ 5%，是决定红茶滋味和汤色的主要品质成分。茶黄素类对红茶的色、香、味等品质起着主要影响作用，是形成红茶汤色“亮”的主要成分，是红茶滋味强度和鲜度的重要成分，同时也是形成茶汤“金圈”的主要物质，且是导致红茶茶汤“冷后浑”的重要因素之一。

2．茶红素（Thearubigin，TR）

茶红素是一类复杂的红褐色酚性化合物，其相对分子质量为 700 ～ 40 000，甚至更大些。它既有儿茶素酶促氧化聚合、缩合反应产物，也有儿茶素氧化产物与多糖、蛋白质、核酸和芫花色素等产生非酶促反应的产物。

茶红素是红茶氧化产物中含量最多的一类物质，含量约为红茶干重的 6% ～ 15%。茶红素是茶汤“红”的主要成分，对茶汤滋味与汤色浓度起着极其重要的作用。此外，茶红素还能与碱性蛋白质结合生成沉淀物存于叶底，从而影响红茶的叶底色泽。有研究发现，当（TF+TR）/TB ＝ 1.52 时，红碎茶的强度与鲜度都较理想。

3．茶褐素（Theabrownine，TB）

茶褐素为一类非透析性高聚合的褐色物质，其主要组分是多糖、蛋白质、核酸和多酚类等物质，由茶黄素和茶红素进一步氧化聚合而成。水溶性茶褐素为深褐色，不溶于乙酸乙酯和正丁醇。红茶中茶褐素含量一般为干物质的 4% ～ 9%，是造成红茶汤色发暗、无收敛性的重要因素。

茶叶的色泽是鉴定茶叶品质的首要直观因子。何国藩等研究表明，高温酶促反应，温度和时间都是破坏脂溶性色素的因子。在普洱熟茶加工过程中，微生物固态发酵促使绝大部分脂溶性色素转化为水溶性物质，普洱熟茶茶汤色泽的形成与茶多酚氧化产物——水溶性茶褐素的大量增加和积累有重大关系。

不同地区原料利用有益菌进行固态发酵，茶红素呈下降趋势，茶黄素呈下降趋势，茶褐素呈增加趋势，主要是因为茶黄素经氧化，转化形成茶红素，茶红素经氧化、聚合、转化形成茶褐素的缘故。

利用有益菌进行固态发酵，茶红素的减少与茶褐素的增加结合茶黄素是一个量上的协调作用，此理化成分的协调变化使得普洱茶的色泽变化很大，若茶黄素、茶红素的含量过低而茶褐素的含量过高，反应在感官上表现为汤色暗褐，叶底黑褐无光泽，滋味上也较平淡；若茶黄素、茶红素的含量与茶褐素的含量相协调，反应在感官上则表现为普洱茶特有的汤色红浓明亮、叶底色泽褐红的品质特征。

利用有益菌（根霉）进行固态发酵，茶黄素、茶红素的含量与茶褐素的含量相协调，从而使茶汤的收敛性和苦涩味明显降低，且增强普洱茶的保健功效。

第三章　普洱茶原料的加工

云南大叶种晒青茶，作为绿茶的一种，是云南地区历史悠久的茶叶品种，在云南的广大地域内均有产出。它更是制作普洱茶的理想原料。普洱茶的加工工艺主要包括鲜叶采摘后的摊晾、杀青、揉捻、解块以及日光干燥等一系列步骤。通过这些精细的加工工艺，制成的普洱茶原料展现出独特的品质，其茶叶条索紧实，色泽呈现墨绿色或褐绿色，冲泡后的茶汤呈现出明亮的橙黄色，并散发出特有的日晒气息。

第一节　加工普洱茶的鲜叶

一、鲜叶要求

鲜叶不仅是决定茶叶品质的基础物质，还是确立合理加工技术措施的重要依据。只有高品质的鲜叶，才能经过加工制作出优质的茶叶。

鲜叶，通常指的是专供茶叶加工使用的茶树新生长出的梢头，有时也被称为“茶鲜叶”，包括新梢的顶芽，以及从顶端往下的第一、二、三、四片叶子，还包括附着在这些嫩叶上的梗。需要注意的是，这些鲜叶只有经过加工处理，成为适合饮用的产品后，才能被称为“茶叶”，而茶树上直接采摘下来的鲜叶，则不能直接称为“茶叶”。

鲜叶的规格多种多样，常见的有：单独的芽、一芽带一叶、一芽带二叶、一芽带三叶、一芽带四叶等。根据叶子的展开程度，还可以分为“雀嘴”（叶子像小鸟嘴一样未完全展开）、“初展”（叶子刚开始展开）、“开面叶”（叶子已展开但面积不大）、“小开面”“中开面”和“大开面”（叶子完全展开，面积逐渐增大）。此外，还有“对夹叶”和“对夹三叶”等特殊规格。这些不同规格的鲜叶，在茶叶加工过程中有着各自独特的作用。

（一）鲜叶形态

1. 鲜叶大小

成熟叶片的长度在 10 厘米以上称为大叶种，5 ～ 6 厘米称为小叶种，介于二者之间的为中叶种。

2. 鲜叶形状

当比值 R =叶片长度（毫米）/ 叶片宽度（毫米），如果 R < 2.2 统称为圆叶形；如果 R > 2.2 统称为长叶形。

3. 梗长度

大叶种的梗长于中小叶种。中小叶种芽叶初展时的节间极短，两叶靠近，这种鲜叶适于加工珠形、圆形茶叶。对夹叶的节间也极短，其叶质较硬，属生长不正常的鲜叶，内含有效物质较少，加工出的茶叶品质较差。

4. 鲜叶重量

鲜叶重量是衡量鲜叶质量的指标。一般可以用鲜叶的芽叶个重和 100 克芽叶的个数来表示。

（二）鲜叶的化学成分

及时从茶树上采摘的芽叶嫩梢，是制作茶叶的重要原料，我们称之为“鲜叶”。鲜叶不仅是干茶色泽、香气、口感和品质形成的基础，而且其内部含有的化学成分也十分丰富。鲜叶主要包含碳、氢、氮、磷、硫、钾、钙等多种元素，以及氟、碘等15种微量元素。值得注意的是，鲜叶中的水分含量相当高，大约占其总重量的 3/4。

除此之外，鲜叶中还包含了许多其他化学成分，如多酚类化合物、蛋白质、氨基酸、酶、生物碱、糖类、色素、芳香物质以及维生素等。这些成分在茶叶的加工过程中会相互作用，共同影响茶叶最终的品质和风味。

（三）鲜叶的物理性状

鲜叶的物理性状，是鲜叶内含物质在外部的反映所表现出来的特征。同一品种或同一植株的不同部位的鲜叶，其特征与变化也不相同，如叶子大小、厚薄、软硬、茸毛多少、色泽深浅等，所以鲜叶的物理性状与毛茶品质有密切关系。我国茶叶品种很多，各种茶类可以由同一鲜叶制成，但不同茶叶有其不同的品质特征和各自要求，对鲜叶标准和品质的要求也就不相同。因此，一方面根据鲜叶的不同物理性状，来辨别出鲜叶的嫩度和品质的好坏；另一方面，根据鲜叶的适制性，加工不同的茶叶，或采取相应的技术措施，加工出符合普洱茶所要求的品质特征的茶叶，保证其优良品质。

通常，深绿色叶的粗蛋白质含量高，多酚类化合物、水浸出物、咖啡碱的含量低；浅绿色叶却相反，粗蛋白质的含量低，多酚类化合物、水浸出物、咖啡碱的含量高；紫色芽叶的花青素含量高，苦涩味重。因此，成品茶的品质好坏与各种成分的含量有关。多酚类、水浸出物等含量高的鲜叶，适制普洱茶。

1．白毫

鲜叶背面长有的许多白色细毛，我们称之为“白毫”。对于同一品种的茶树，白毫数量的多少可以作为鲜叶老嫩程度的标志。鲜叶越嫩，白毫就越多，相应的茶叶等级也就越高。但是，对于不同品种的茶树来说，即使鲜叶的嫩度相同，白毫的数量也会有所不同。比如景谷大白茶，不仅其嫩叶背面白毫如雪，就连老叶的背面也覆盖着丰富的白毫。

2．鲜叶的尺寸、厚度和硬度

从同一棵茶树上采摘的鲜叶，小叶子往往更加细嫩柔软，而大叶子则相对较老且硬。小叶子由于其良好的可塑性，加工出的茶叶形状紧致细腻，品质上乘；而大叶子无论在外形还是内在品质上都稍逊一筹。对于不同品种的茶树来说，即使按照相同的芽叶标准采摘，其大小也会有所不同。例如，云南大叶种的芽叶相较于小叶种更大更重，加工出的茶叶品质也更为出色。因此，我们不能简单地以大小来评判不同茶树品种芽叶的嫩老程度。

鲜叶的厚度是指其叶肉的肥厚程度。对于同一品种的茶树和相同嫩度的鲜叶来说，如果栽培管理好、树势生长旺盛，那么叶肉就会更加肥厚、叶质柔软多汁。这样的鲜叶加工出的茶叶形状紧实、重量足、品质特别优良。相反，如果栽培管理不善，鲜叶就会显得薄而硬，无论是加工出的茶叶外形还是内在品质都会大打折扣。

（四）鲜叶质量

鲜叶质量，包括鲜叶的老嫩程度、新鲜度、匀净度三个方面。其中，任何一个方面都与成茶品质的形成有密切的关系。

1. 老嫩程度

鲜叶的老嫩是衡量茶叶品质的重要因子，是鉴定茶叶等级的主要指标。老嫩是鲜叶内在各种化学成分综合作用的外在表现。根据茶树新陈代谢的特征和营养器官形成及生长发育的理论，可以知道茶叶内在有效成分，如多酚类化合物、蛋白质、咖啡碱等，总是在生长的初期阶段含量较高，而纤维素、半纤维素等含量则较少。因此，幼嫩的鲜叶在正常情况下加工而成的茶叶形质兼优，而粗老叶子加工而成的茶叶的品质也具有其特色。这说明鲜叶老嫩与成茶品质高低有着极其密切的关系。

鲜叶老嫩与产量有着直接关系。因为鲜叶要求过于细嫩则影响茶叶产量；反之只追求数量，就会影响茶叶质量。一切产品不但要求数量多，而且要求质量高。根据茶树特性与外界环境条件及技术措施的关系，现已研究出正确合理的采摘方法，即分批多次留叶采摘。这使产量、质量都能获得良好的效果。因此，普洱茶鲜叶采摘标准以一芽二三叶为主。只要掌握这个标准，就可以达到高产优质的目的。

2. 匀净度

鲜叶匀净度是衡量鲜叶质量的指标之一，包含鲜叶匀度和鲜叶净度两个方面。

鲜叶匀度，指的是同一批鲜叶理化性状基本上达到一致。影响鲜叶匀度的因素有很多，如采摘不合理、茶园品种混杂、鲜叶运送不及时和鲜叶管理不当等，都会造成老嫩叶混杂、雨露水叶与无表面水叶子混杂、不同品种鲜叶混杂和进厂时间不同的叶子混杂。

在生产实际中最突出的是老嫩混杂，其对普洱茶加工技术和普洱茶品质影响最大。如同一批原料的鲜叶老嫩不一，则内含成分、叶质软硬程度都不同，就会给普洱茶加工技术带来很大的困难，因为老嫩不同的鲜叶的加工对普洱茶加工技术的要求有所不同。如老嫩叶混杂，在杀青中就会造成老嫩叶生熟不一；在揉捻中就会造成嫩叶断碎，老叶不成条；在干燥中则出现干湿不匀、茶末和碎茶过多的现象。即使在普洱茶加工过程中增加设备和工作量也无法完全解决，而且还增加了晒青毛茶精制加工的复杂化，特别是给连续化生产带来了极大的困难。

在目前生产中，解决鲜叶老嫩混杂的有力措施是加强采摘和贮青管理。坚持分期分批留叶采，防止“开园一次光，老嫩一把抓”的坏现象。鲜叶进厂做好验收、分级工作，分级摊放。不同时间进厂、不同地区的鲜叶要分别摊放，不仅能使鲜叶老嫩程度基本达到一致，而且大大提高了普洱茶加工设备的利用率和产品质量。另外，要建立纯种园，不仅能保证鲜叶理化性状一致，同时还为机械化采茶打下基础。

鲜叶净度指鲜叶里夹杂物的含量。这些夹杂物有茶类和非茶类两种。茶类有茶籽、茶果、病枯枝、老叶、老梗等。非茶类有虫体、虫卵、杂草、沙石、竹片等。夹杂物会影响普洱茶的品质，有的还影响人体健康。

3．新鲜度

新鲜度是指采下来的鲜叶尽量保持其鲜叶原有的理化性状的程度，它是衡量鲜叶质量的指标，因此要求鲜叶现采现加工或在较短的时间内进行加工。

鲜叶采下来脱离茶树母体之后仍然进行呼吸作用。随着叶内水分不断散失，鲜叶内的水解酶和呼吸酶的作用逐渐增强，内含物质不断分解转化而消耗减少。一部分可溶性物质转化为不可溶性物质，水浸出物减少，使茶叶香低味淡，影响普洱成品茶的品质。

鲜叶的呼吸作用，使叶内糖类物质分解消耗，产生二氧化碳，放出大量的热量。

因此，在摊放的过程中，要求通风散热处理得当，使放出的热量大部分随着水分蒸发扩散到周围空气中，以降低叶温、减少干物质的消耗。但摊放时间也不可太长，如果时间过长，随着叶温升高，则干物质消耗更多。当糖类物质消耗时，其他有机物质如蛋白质、脂肪、有机酸等被分解，甚至多酚类化合物也开始氧化缩合，使鲜叶发生红变。据测定，一般鲜叶放置 24 小时后，干物质的消耗达 5% 左右，可溶性多酚类化合物含量（占干物质的 18.05%）下降为 9.5%，对普洱成品茶的品质有不良影响。

鲜叶如果贮放不当，堆积过厚、过紧、过久、通气不良，则鲜叶因呼吸作用而释放的热量不能及时散发出去，致使叶温升高，内含物质分解更快、消耗更多，在氧气供应不足情况下，引起无氧呼吸作用，使糖类分解为醇而产生酒精味。摊放时间过久，还会产生酸馊味，叶子发热变红，腐烂变质。

鲜叶进厂，要求做好鲜叶摊放工作。堆放厚度要适中，通风散热要好，摊放时间不宜超过16小时，以保持鲜叶的新鲜度。特别是在鲜叶进厂的高峰期，在鲜叶大批进厂来不及全部付制的情况下，除做好鲜叶的贮存工作，采取低温、散热、降低叶温、防止劣变外，还要做到先进厂先加工，尽量缩短摊放时间，减少不必要的损失。

（五）鲜叶的管理

鲜叶的管理包括鲜叶的运送、验收、分级及摊放贮存。这些都是细致而重要的工作，是保持鲜叶质量的关键。如果管理不当，就会引起鲜叶劣变，影响茶叶的品质和产量。

1. 鲜叶的运送

为保持鲜叶的新鲜度，采下的鲜叶要及时运送进厂。在运送中，根据鲜叶的老嫩不同、品种不同、表面水含量不同，分别装篓。装篓时不能压紧，防止机械损伤、烈日暴晒。鲜叶不宜久堆，否则，篓内叶子易发热，引起红变。鲜叶装好篓后应立即运进厂。

2. 鲜叶的验收、分级

鲜叶进厂后要有专人负责验收。验收员应根据鲜叶的老嫩度、匀净度、新鲜度及毛茶标准等因素，对进厂的每批鲜叶进行验收、定级，然后称重登记，分别摊放。

鲜叶验收分级，要求原料均匀一致。若发现不符合采摘标准，老叶、嫩叶混杂或鲜叶发热红变、机械损伤等劣变现象，要酌情降级处理。鲜叶的分级标准主要依据鲜叶的老嫩度、匀净度、新鲜度进行评级。目前各地鲜叶分级标准都有所不同，但基本依据相同。各地应结合本地区具体情况，酌情掌握执行。

3. 鲜叶的贮存管理

鲜叶在进厂经过验收和分级之后，应立即进入加工环节。由于从茶树上采摘到初步加工之间的时间间隔越长，鲜叶的新鲜度就越差，内含的有效成分损失也就越多，因此，我们应尽可能地实现即时采摘、即时加工。然而，若受到实际条件的制约，无法立即进行加工，则必须做好鲜叶的存储工作。此时，应采用低温存储方式，以最大限度地缩短存储时间，存储时间最长不应超过16小时。

鲜叶的存储应选择阴凉、湿润、通风良好且场地清洁的地方。在有条件的情况下，可以设立专门的贮青室。贮青室的面积通常根据每平方米可存放20千克鲜叶的标准来计算。贮青室应坐南朝北，以避免阳光直射，从而保持室内温度较低。地面最好采用水泥材质，并具有一定的倾斜度，以便于清洗。

在鲜叶的摊放过程中，厚度不宜过大，一般以15厘米左右为宜。对于带有雨水或露水的鲜叶，应摊薄并加强通风。在摊放过程中，每1～2小时应翻拌一次，并每隔约60厘米开设一条通气沟。翻拌时，应避免在鲜叶上随意踩踏，以尽量减少叶子的机械损伤。鲜叶的存放时间不宜过长，一般应按照先进厂先加工、后进厂后加工的原则进行处理。对于表面水分较多的雨水叶，可以适当延长摊放时间后再进行加工。对于已经发热变红的鲜叶，应立即进行薄摊和分开加工处理。

为了减少鲜叶摊放所需的占地面积、节省劳动力并确保鲜叶的品质，目前一些地区已经开始尝试使用透气板贮青设备，这是一种相对有效且实用的解决鲜叶存储问题的方法。透气板贮青设备的具体设置如下。

在普通的摊叶室内开设一条槽，槽面上铺设由钢丝网（或粗竹篾编织而成）制成的透气板。每块透气板的尺寸为长1.83米、宽0.9米，可以根据需要连续放置3块、6块或12块。同时，也可以并列设置多条槽，槽与槽之间的间距约为1米（具体尺寸可根据实际情况进行调整）。在槽的一端安装一个离心式鼓风机，鼓风机的功率和大小应根据透气板的数量以及槽的长度来选择，其电动机应配备定时器，以便根据需要每隔一段时间自动启动电动机进行鼓风操作。鲜叶的堆放厚度可以达到1米左右，每平方米可存储约150千克的鲜叶。这种存储方式无须人工翻拌，摊放和加工时的鲜叶输送可以采用皮带输送或气流运送方式，既节省了人工又减少了厂房占地面积。

（六）鲜叶适制性

鲜叶的适制性是指根据鲜叶的理化性状判定适合加工哪一种茶叶。鉴定鲜叶适制性最可靠的方法是成品茶经重复多次品质鉴定，结合理化分析来确定。研究表明，茶树品种中内含基质茶多酚、氨基酸等重要化合物含量越高，越有利于优质普洱茶产品的形成，且以芽体肥壮、多茸毛者为上品。适合加工生产普洱茶的鲜叶品种有以下几种。

1．勐海大叶茶

乔木型，大叶类，芽叶肥壮，黄绿色，茸毛多，叶呈椭圆形，叶长 16 厘米、宽 9.5 厘米左右，叶着生状态稍上斜，叶色绿，叶肉厚而软，叶面隆起、革质。春芽一芽二叶含氨基酸 2.30%，茶多酚 32.80%，儿茶素总量 18.20%，咖啡碱 4.10%。

2．易武绿芽茶

乔木型，大叶类，芽叶较肥壮，绿带微紫色，茸毛多。春茶一芽二叶含氨基酸 2.90%，茶多酚 31.00%，儿茶素总量 24.80%，咖啡碱 5.10%。

3．元江糯茶

叶呈椭圆形，叶长 18 厘米、宽 8 厘米左右，叶着生状态稍上斜，叶尖钝尖；叶色黄绿，叶肉厚而软，叶缘平，锯齿粗而浅，主脉黄色明显；具革质，单叶对生。小乔木，大叶类，芽叶肥壮，育芽力强。黄绿色，茸毛特多。春茶一芽二叶含氨基酸 3.40%，茶多酚 33.20%，咖啡碱 4.90%。

4．景谷大白茶

乔木型，大叶类，叶呈长椭圆形，叶色黄绿，叶面隆起，叶肉厚，叶质较软，叶缘平直，叶脉有茸毛，叶脉 11 对左右。芽粗壮，黄绿色，茸毛特多，闪白色银光。春茶一芽二叶含氨基酸 3.80%，茶多酚 29.90%，儿茶素总量 15.30%，咖啡碱 5.20%。

5．云抗 10 号

乔木型，大叶类，芽叶肥壮，黄绿色，茸毛特多，育芽力强而密。叶呈椭圆形，叶长 13 厘米、宽 5 厘米左右，叶色黄绿，叶脉明显 9 ～ 11 对，叶肉稍厚，叶质较软，叶面隆起，稍内卷，叶缘微波，锯齿粗浅，叶尖为急尖。叶着生较平。春茶一芽二叶含氨基酸 3.20%，茶多酚 35.00%，儿茶素总量 13.60%，咖啡碱 4.50%。

6．云抗 14 号

乔木型，大叶类，芽叶肥壮，黄绿色，茸毛特多，春茶一芽二叶含氨基酸 4.10%，茶多酚 36.10%，儿茶素总量 14.60%，咖啡碱 4.50%。

7．云选 9 号

乔木型，大叶类，芽叶肥壮，黄绿色，茸毛特多，春芽一芽二叶含氨基酸 2.90%，茶多酚 38.20%，儿茶素总量 16.10%，咖啡碱 4.80%。

8．双江勐库大叶种

乔木型，大叶类，叶色绿色，密披茸毛，叶呈长椭圆形，叶长 17 厘米、宽 8.5 厘米左右，叶着生状态稍上斜，叶尖急尖；叶色深，叶肉厚而软，革质，叶缘平直，锯齿密而浅，主脉明显。育芽力强，发芽早，易采摘。春茶一芽二叶含氨基酸 1.66%，茶多酚 33.76%，儿茶素总量 18.22 毫克 / 克，水浸出物 48.00%，咖啡碱 4.06%。

9．凤庆大叶种

乔木型，大叶类，叶呈长椭圆形，叶长 13.5 厘米、宽 5.5 厘米左右，叶着生状态稍水平，叶尖渐尖；叶质柔软，叶缘平直，叶色绿，锯齿稀而浅，叶脉 8 ～ 10 对。芽头绿色肥壮，茸毛多。春茶一芽二叶含氨基酸 2.90%，茶多酚 30.19%，儿茶素总量 13.42 毫克 / 克，水浸出物 45.83%，咖啡碱 3.56%。

二、鲜叶的采摘标准

“早采三天是宝，晚采三天是仙草”，反映了普洱茶对原料要求的独特性。在普洱茶原料的采收过程中，不同的嫩度加工成的普洱茶都具有各自独特的品质特征与功效。细嫩的原料加工成的普洱茶可以使色、香、味、形达到较好的统一，而较为成熟的原料加工的普洱茶在滋味、口感及养生方面有其独特的个性。

普洱茶原料的采摘一般分春、夏、秋、冬四季。2—4 月采收春茶，以清明节后 15 天内采收的春茶为上品，多采一芽一叶，芽蕊细而白；夏茶于 5—7 月采收，称雨水茶，如制作得当，茶质近似春茶；秋茶于 8—10 月采收，称谷花茶，茶质次于春、夏茶；冬茶很少采收，仅茶农适量采收自己饮用。其采收特点：一次种植，多年采摘，根据不同的季节和树龄分类采收。实行集中采、集中留，春茶大采、夏茶中采、秋茶少采或棚养；分批采、分批留，分批多次“留叶采”的采收制度。对幼龄茶园的采收，以养为主、采养结合，注意培养宽阔浓密的丰产树冠，为高产优质奠定基础。成年茶园的采收，以采为主，采养结合，切实执行各个季节采收的留叶标准。

普洱茶鲜叶采摘标准，主要根据所要加工的不同品质的普洱茶对新梢嫩度与品质的要求以及产量因素进行确定。普洱茶对鲜叶采摘标准的要求，归纳起来有以下几种情况。

（一）高档普洱茶的采摘

高档普洱茶的采摘通常采用“细嫩采”，其对鲜叶嫩度要求很高，一般是采摘茶芽和一芽一叶，以及一芽二叶初展的新梢，俗称采“旗枪”“莲心”茶。采摘这类茶，花工夫，产量不多，季节性强，大多在春茶前期采摘。

（二）大宗与传统普洱茶的采摘

大宗和传统普洱茶的采摘多采取“适中采”，即主要采摘一芽二叶的鲜叶，同时辅助采摘一芽三叶及较幼嫩的对夹叶。此种采收标准既能确保茶叶品质，又能维持相对较高的产量，经济效益亦佳，因此成为目前最广泛采用的采收标准。

在传统做法中，普洱茶曾经主要采用“成熟采”。此种方式采得的茶叶多用于制作边销茶，以满足边疆地区各民族的特殊需求。例如，为了制作茯砖茶，需要在新梢的顶芽停止生长、下部叶片基本成熟时，采摘包含一芽四五叶及对夹三四叶的鲜叶。而南路边茶，为了适应藏族人民的特殊饮茶习惯——在茶中熬煮并掺入酥油，要求茶味醇和、回味甘甜，因此其采摘标准需在新梢成熟、下部叶片开始老化时，才用刀割取新枝基部一二片成叶以上的全部枝梢。虽然这种采摘方式所需的批次较少，节省人力，茶树在投产初期也能获得较高的产量，但由于其对茶树生长的负面影响较大，容易导致茶树衰老，因此其经济有效年限并不长。

三、采摘方法

茶叶采摘，其方法主要有两种，即手工采茶和机械采茶。

（一）手工采茶

手工采茶是普洱茶传统的茶树采摘方法。采茶时，要实行提手采、分朵采，切忌一把捋。这种采摘方法的最大优点是标准划一、容易掌握。缺点是费工、成本高、难以做到及时采摘。目前细嫩茶叶的采摘，由于采摘标准要求高，还不能实行机械采茶，仍用手工采茶。

（二）机械采茶

目前多采用双人抬往返切割式采茶机采茶。如果操作熟练、肥水管理及时，则机械采茶对茶树的生长发育和茶叶的产量、质量并无影响，而且还能减少采茶劳动力，降低生产成本，提高经济效益。因此，近年来，机械采茶越来越受到茶农的青睐，机采茶园的面积一年比一年扩大。

四、采摘技术

鲜叶采摘技术内容很多，主要内容有以下三个方面。

（一）留叶数量

茶树叶片的主要生理作用是进行光合作用和水分蒸腾。鲜叶采摘是目的，但留叶是为了更多地采摘。若采得过多，留得太少，减少了茶树的叶面积，会使光合效率降低，影响有机物质的积累，继而影响茶叶产量和品质。反之，采得过少，留得过多，不仅消耗水分和养料，而且叶面积过大，树冠郁闭，分枝少，发芽密度稀，同样产量不高，经济效益低下，达不到种茶目的。但茶树留叶数量应以茶树不同的生育年龄而异。一般来说，幼年期茶树以培养树冠为目的，应以养为主，以采为辅，采必须服从养。而当茶树进入成年期后，即进入投产后的茶树，应以采为主，适度留养。留叶数量以能增强或维持茶树正常的旺盛生长，能获得最高的产量和最优的品质，又能延长茶树的经济年限为最理想。留叶多少，一般以叶面积指数来衡量，它是指茶树叶片总面积与土地面积之比。高产、高效、优质茶园的叶面积指数通常为 3 ～ 4。在生产实践中，留叶数量一般以“不露骨”为宜，即以树冠叶片互相密接，看不到枝干为适宜。如实行机械采茶，那么，可根据当年茶树留叶数量，实行提早封园，采取在秋季集中留养一批不采，以加强茶树生长势的方法，加以实现。

（二）留叶方法

茶树年龄不同，采摘时留叶的方法也不同。幼年茶树，主干明显，分枝稀疏，树冠尚未定型，所以，采摘目的是促进分枝和培养树冠，一般可在第二次定型修剪后，春茶实行季末打顶采，夏、秋茶实行各留二叶采。第三次定型修剪后，骨干枝已基本形成，可实行春、夏茶各留二叶采，秋茶留一叶采。之后，再花一年时间，实行春茶留二叶，夏茶留一叶，秋茶留鱼叶采。从此以后，茶树广阔的树冠已经形成，即可进入成年茶树的投产采摘了。

成年茶树，树冠已基本定型，茶叶产量高，品质优，能相对稳定 15 ～ 20 年。在这一时期内，应尽可能地多采质量好的芽叶，延长高产、稳产时期。因此，应以留鱼叶采为主，在适当季节（如夏、秋茶时）辅以留一叶或留二叶采摘法，也可采用在茶季结束前留一批叶片在茶树上。

衰老茶树，生机开始衰退，育芽能力减弱，骨干枝出现衰亡，并出现自然更新现象。对这类茶树，应灵活掌握。在衰老前期，可采用春、夏茶留鱼叶采，秋茶酌情集中留养。衰老中期以后，则需对衰老茶树进行程度不同的改造，诸如深修剪、重修剪、台刈等。对这种茶树，在改造期间，应参照幼年茶树采摘，养好茶蓬，待树冠形成后，再过渡到成年茶树的采摘与留叶方式进行。

（三）采摘周期

适时采摘，对增加产量，提高品质，保养树势，直至提高经济效益，都有着十分重要的意义。

在人工手采的情况下，一般春茶蓬面有 10% ～ 15% 的新梢达到采摘标准时，就可开采。夏、秋茶由于新梢萌发不是很整齐，茶季较长，一般有 10% 左右的新梢达到采摘标准就可开采。茶树经开采后，春茶应 3 ～ 5 天采摘一次，夏、秋茶 5 ～ 8 天采摘一次。在云南高海拔冷凉山区，一般到 10 月上旬就应封园停采。其他云南茶区，可参照推迟或提前封园。

在实行机械采摘时，当春茶有 80% 的新梢符合采摘标准，夏茶有 60% 的新梢符合采摘标准，秋茶有 40% 的新梢符合采摘标准时就要进行机采。为提高机采茶园的经济效益，特别是春茶前期，在机采前先进行人工采茶，以便制作名优普洱茶。这样，机采批次，春茶为 1 次，夏茶为 1 ～ 2 次，秋茶为 2 ～ 3 次。为促进机采茶树的旺盛生长势，对机采茶园应比人工手采茶园提前 20 天左右停采封园。

第二节　鲜叶的验收及摊晾

一、鲜叶的验收

鲜叶应根据云南大叶种茶树生长特性和普洱茶原料加工的要求进行合理采摘，应采自符合普洱茶产地环境条件的茶园，新鲜、匀净，无其他植物和杂物，并符合 NY/T 5018 的要求。鲜叶分级指标如表 3-1 所示。

表 3-1　鲜叶分级指标

级别	芽叶比例
特级	一芽一叶占 70%，一芽二叶占 30%
一级	一芽二叶占 70%，同等嫩度其他芽叶占 30%
二级	一芽二三叶占 60%，同等嫩度其他芽叶占 40%
三级	一芽二三叶占 50%，同等嫩度其他芽叶占 50%
四级	一芽三四叶占 50%，同等嫩度其他芽叶占 50%
五级	一芽三四叶占 70%，同等嫩度其他芽叶占 30%

手工采摘要提手采，保持芽叶完整、新鲜、匀净，不夹带杂物。机采应保证采茶质量，保证无害化，防止污染。采用清洁、无污染、通透性好的盛具，装叶量以不影响品质为宜。采下的鲜叶应采取措施以防止鲜叶质变和混入有异味、有毒、有害的物质。

二、鲜叶的摊晾

摊晾是将采摘的茶鲜叶轻轻地摊开在贮青间，使其自然地散发出多余的水分，从而使原本脆硬的鲜叶逐渐变得柔软萎蔫的过程（图 3-1）。对于普洱茶的原料来说，摊放的程度需要稍微偏重一些。特别是当加工相对细嫩的普洱茶原料时，鲜叶必须经过适度的摊放处理。此外，由于大叶种在同等嫩度下的含水量相对较高，因此在现今的普洱茶原料加工过程中，适度的摊放成了一个不可或缺的步骤。这样做可以确保鲜叶在后续的加工过程中能够更好地锁住风味，提升普洱茶的整体品质。

图 3-1 摊晾

（一）摊晾的原理

水分是鲜叶组成的主要成分之一，鲜叶的含水量一般占鲜叶总重量的 75%左右。鲜叶的水分含量，随着芽叶生长部位、采摘季节、气候条件、管理措施及茶树品种的差异而不同。芽叶嫩度高，含水量也高；反之，老叶含水量低。茎梗是输导器官，含水量也较高。

鲜叶内水分以两种形态存在，即自由水和吸附水。自由水也叫游离水，主要存在于细胞液和细胞间隙中，呈游离状态，可以自由流动，调节体内水分平衡，可以通过气孔向大气扩散。一些可溶性的有机物和无机盐都溶解在这种水里。自由水在鲜叶里占绝大部分，在制茶过程中，容易转移，首先被大量蒸发出来，随之引起一系列理化变化。

吸附水也叫结合水，主要存在于细胞原生质中。由于细胞原生质的大分子胶粒表面带有电荷，水分子又具有两极性，因而胶粒发生水合作用。与胶粒结合成紧密的水层，形成胶体外围一层薄水膜。因此，它不能自由移动，也不能溶解其他物质，比自由水难以蒸发。只有当生物体内细胞原生质失去亲水性能，结合水脱离原生质体之后才能游离出来为自由水，而后被蒸发出来。

水分是一切生物化学反应的介质。在普洱茶原料的加工过程中，茶叶中的化学成分不仅在水这个介质里进行着复杂的各种化学变化，同时水也参与无数次水解反应和氧化还原反应。例如，绿茶杀青利用高温蒸气破坏酶的活性。红茶利用水分促进酶的催化作用，同时使其他内含成分发生变化。普洱熟茶在失水的同时要求保水，有时还要加水，以促进后发酵（微生物固态发酵）过程中的升温，使一些内含成分发生化学变化，形成普洱熟茶特有的品质。

鲜叶的含水量及其在普洱茶原料加工过程中的变化速度和程度，都与普洱茶品质有着密切的关系。把含水量 75% 的鲜叶，制成含水量 6% 左右的普洱茶原料，不仅是鲜叶大量失水的过程，而且随着叶内水分散失的同时，引起叶内一些成分发生一系列的理化变化，从而逐步形成茶叶的色、香、味、形。

大叶种除了含水量较高外，其茶多酚含量也高很多，较长时间的摊放可散发较多水分，能促进一部分水解酶活性的提高，使部分大分子化合物如酯型儿茶素和蛋白质水解成小分子化合物，改善口感。大叶种鲜叶加工晒青茶，鲜叶摊放失重率可达 20% ～ 25%，以使杀青工序顺利进行和提高内质。在大叶种鲜叶摊放过程中，尽量少翻动或不翻动，最多小心翻动 1 ～ 2 次，因为大叶种叶质柔软，翻动很容易碰伤叶子，引起红变。

（二）摊晾的要求

摊晾既有物理方面的失水作用，也有内含物质化学变化的过程。摊晾目的，一是蒸发部分水分，降低茶叶细胞的张力，使叶梗由脆变软，增加芽叶的韧性，便于揉捻成条；二是由于水分的散失而引起茶梢中的内含物质的一系列化学变化，为形成普洱茶原料的色、香、味的特定品质奠定物质变化的基础。贮青间或摊青间要求凉爽清洁，空气流通，无阳光直射，地面最好用水泥铺成。为了节约摊叶占地面积，也可采用竹笆摊放，木架分层储藏。一般摊放厚度为 15 ～ 20 厘米。对于鲜叶摊放程度，观察鲜叶呈碧绿色有墨绿之感，叶片柔软即可，鲜叶含水量可掌握在（70±2%）。

普洱茶原料加工厂应有能满足加工要求的鲜叶摊晾车间。摊晾设施可用水泥、地板砖、竹木、不锈钢等材料建成，应光洁无污垢，并配备冲洗设施，使用前、后要及时冲洗干净。

第三节　杀　青

一、杀青的概念

在普洱茶原料的加工中，杀青是一个核心步骤，其主要目的是破坏鲜叶中酶的活性，并促使内含物转化为构成普洱茶独特品质的物质基础。通过高温处理，鲜叶中的酶被破坏，从而阻止了酶促反应，进而使内含物在非酶的作用下发生转化，形成普洱茶原料特有的色泽、香气和口感。杀青对普洱茶原料的品质形成具有决定性作用。

在杀青过程中，鲜叶会大量失去水分，并伴随着一系列热化学反应。作为普洱茶原料加工的首道工序，高温杀青用于降低酶的活性，这一步骤的控制至关重要，因为它直接影响茶叶的最终品质。因此，在普洱茶原料的加工阶段，杀青工艺的技术掌握显得尤为关键，它是确保普洱茶原料具备醇正香气、黄绿明亮的汤色以及浓郁爽口滋味的核心技术。

二、杀青的原理

在鲜叶中，对普洱茶原料品质形成影响较大的酶主要有水解酶和氧化还原酶等。水解酶有蛋白酶、淀粉酶等。氧化还原酶中有：多酚氧化酶、过氧化氢酶、过氧化物酶、抗坏血酸氧化酶等。这些酶在普洱茶原料加工过程中的化学变化具有重要作用。特别是多酚氧化酶、过氧化物酶对形成普洱茶原料品质起决定作用。

过氧化物酶是含有铁作为辅基的结合蛋白酶，其抗热性较强，在 100℃下，2 ～ 3 分钟，活性被钝化后，还可以恢复。

酶催化作用和无机催化剂一样，只能催化既有的化学反应，不能创造新的反应。酶具有专一性的催化作用，一种酶仅能催化某一种化学反应，如蛋白酶只能参与蛋白质水解合成反应。酶对外界条件反应十分敏感，特别是对温度更为敏感。各种酶都有它本身所要求的温度范围，在最适宜温度下，催化作用可以达到最大限度。超过要求范围，酶的活性便逐渐下降，到一定程度催化性能便消失。在通常室温下，温度每增加 10℃，酶的活性约增加一倍。40℃～45℃时活性最大，温度再高，则活性开始逐渐下降，至 70℃以上，酶失去活性。酶还受 pH 值的影响，在一定 pH 值时，酶的活性最大，称之为酶的最适 pH 值。在此范围之外，酶的活性都逐渐下降，以致失去催化能力（见表 3-2）。

表 3-2　鲜叶中主要几种酶的适应性能

适应条件 / 酶的种类	最适 pH 值	最适温度（℃）	钝化温度（℃）
多酚氧化酶	4 ～ 5.5	34 ～ 55	75
过氧化物酶	7	14 ～ 35	55
抗坏血酸酶	—	35	65

酶的这种特性，在普洱茶原料加工过程中具有特殊意义。在普洱茶原料加工时采用高温，可迅速破坏酶的活性，制止多酚类化合物的酶性氧化，保持了普洱茶原料的品质特征。在普洱茶原料加工过程中，严格控制酶的活化程度，对形成普洱茶原料特有的品质特征十分重要。

三、杀青目的

普洱茶原料加工时，杀青环节旨在完全破坏鲜叶中酶的活性，以确保其内含物质不发生或仅发生极少的变化；同时，杀青还旨在保持叶绿素的稳定性，使茶叶的绿色得以保持或变化甚微；此外，杀青还能有效消除鲜叶的青草味，进而形成茶叶独特的优良香气；最后，通过去除部分水分，杀青使鲜叶变得更加柔软，为后续的揉捻工艺提供便利。

四、杀青方法

由于普洱茶的原料大部分较为粗老，水分含量低，不易杀匀杀透，所以炒茶前应先洒水（俗称“打浆”或“灌浆”。露水叶、雨水叶和较嫩的原料，可以不洒水），洒水量的原则是春茶少夏秋茶多，嫩茶少老茶多。水要洒得匀，以叶面有水而不往下滴为适度，每 100 千克茶约洒水 10 千克左右。杀青的方法分为锅炒杀青和蒸笼杀青两种。

（一）锅炒杀青

杀青的锅温掌握在 240℃～300℃，根据鲜叶原料老嫩程度的不同，来掌握投茶量。一般春秋叶投茶量多些，夏茶投茶量少些。鲜叶下锅后先用手翻炒，至叶温升高烫手时，改为右手持炒茶杈，左手持草把，自右至左连续翻炒，使叶子全部受热，再用双手持木杈自前向后连续翻转闷炒，使生熟均匀，待“噼啪”声稍止，再将叶子向上掀散抖炒，使叶子水分散发，如此反复进行两三次，每次 8～10 杈。杀青时间，一二级鲜叶 4～5 分钟，三四级鲜叶 6～7 分钟。以杀青叶色变为青绿色、手捏成团、叶不焦边、香气清香即为杀青适度。用草把将茶叶扫出，趁热揉捻。

（二）蒸笼杀青

手工生产时，人们将鲜叶轻轻地摊放在蒸笼内，利用蒸汽进行蒸煮；而在工业化大规模生产中，则利用蒸汽锅炉产生的热蒸汽，通过专门的蒸青机来完成杀青处理。对于茶叶的蒸青处理，掌握好度是至关重要的。蒸青必须确保茶叶被充分蒸熟，但过度蒸青和蒸青不足都会给茶叶的品质带来不良影响。

当蒸青恰到好处时，茶叶的叶色会保持青绿，叶底和表面的色泽一致，散发出清新甘甜的香气，完全去除了青草味。此时，叶片柔软且具有黏性，茶梗不易折断。然而，如果蒸青过度，叶片会变为褐黄色，香气变得低沉闷重，失去了原有的清香。相反，如果蒸青不足，叶背会出现白点，茶梗容易折断，挤出的叶汁带有青臭味。

关于蒸青时间的长短，需要根据原料的嫩度、水分含量以及茶叶品种来决定。一般来说，含水量高、热传导性好的茶叶，如细嫩、水分多的叶子以及施肥量大的叶子，所需的蒸青时间可以短一些；而含水量低、较硬的老叶则需要更长的蒸青时间。对于夏秋季节采摘的茶叶，由于其涩味较重、水分较少，因此应充分蒸青以减少涩味。蒸青的时间通常控制在 15～45 秒，具体时长可以通过调整蒸桶的倾斜度来实现。进行蒸青处理的温度一般维持在 98℃～100℃。

第四节 揉 捻

一、揉捻的概念

所谓揉捻，即用揉和捻的方法使茶叶面积缩小卷紧成条的过程。揉捻是初步做形，是普洱茶原料加工过程中的工序。鲜叶直接揉捻是不能成条的，因其物理性能硬、脆。揉捻是力的作用，如果用力不当，也不能成条。

二、揉捻的原理

揉捻是茶叶加工中的一个重要步骤，揉捻力作用于茶叶，使其发生形变。揉捻的质量主要取决于茶叶的物理特性，包括其柔软性、韧性、可塑性和黏性。为了获得优质的揉捻效果，茶叶需要具备良好的柔软性，以便在受力时易于变形；同时要有足够的韧性，确保在受力变形时不会折断；此外，茶叶还应具备良好的可塑性，即在受力变形后不易恢复原状；最后，茶叶的黏性也是一个重要因素，它与可塑性密切相关。

茶叶的水分含量与其物理特性之间存在一种曲线关系。当鲜叶的水分含量较高时，细胞处于膨胀状态，这会导致茶叶的柔软性、韧性、可塑性和黏性都相对较差。然而，随着水分的逐渐减少，这些物理特性会得到增强。一般来说，当茶叶的含水量在50%左右时，其物理特性会达到最佳状态。但是，如果水分继续减少，这些物理特性也会随之下降。因此，我们可以通过观察茶叶的含水量来大致判断其物理特性的优劣。

叶子失水的过程不均匀；梗的含水量较叶子多；叶尖、叶缘较叶子基部少。实际生产技术掌握的水分标准为平均水分，均比50%这个数字大，一般是60%左右。萎凋工序有“老叶嫩萎凋”、杀青工序有“老叶嫩杀”的操作规定，这里的“嫩”均指最为适度的含水量指标，老叶比嫩叶高。这里的“老叶”

指鲜叶质量，包括嫩度、柔软度较差的叶子。

揉捻叶的叶温与叶子的物理性能也有一定的相关性。叶温高，内含物质的分子结构松懈，叶子的柔软性、韧性和可塑性都增强，特别是老叶纤维素含量多，柔软性和可塑性较差，叶温高对老叶的这些物理性能的增大显著，所以质量较老的叶子多采用“热揉”。

热揉的叶温较高，叶子内含物的变化是很激烈的。加工中热揉的化学变化，实质是湿热作用。湿热作用对晒青茶叶品质不利。热揉有利于外形的形成，不利于内质的提高。加工应用热揉技术，要具体情况具体分析。一般热揉与短揉相配合。

叶子的嫩度不同，不仅是内含物的含量不同，其内含物的化学稳定性也不一样。比如嫩叶比成熟叶的叶绿素容易破坏，嫩叶热揉则色泽容易变黄，产生低闷的气味。热揉用于老叶，尤其是机揉的热揉更是如此。

揉捻过程的化学变化，对普洱茶原料的品质形成是有利的，普洱茶的品质形成，正需要加强这种化学变化——湿热作用。

热揉和冷揉，其对鲜叶的品质既有有利一面，也有不利一面。要发挥其有利方面，限制其不利方面。新的揉捻设备的研究除了效率外，还应考虑到叶温、叶量和揉捻时间等因素，才能生产出外形和内质兼优的普洱茶原料。

柔软性、黏性大的叶子在揉捻过程中，容易几个叶片或叶条粘连在一起，并滚转成团块。团块在压力下越滚越紧。这些团块在干燥中水分不容易蒸发，贮存过程中容易发霉变质、影响整批茶叶质量。在干燥时将团块解散，这时条索粗松，有的不成条形，也影响普洱茶原料外形。对这种叶子，在揉捻过程的加压中，要结合几次松压，即加压几分钟，发现有团块可能形成，就要及时去除压力，使还较松的团块在揉捻运动的冲力下解散，松压几分钟后再接着加压力。有的情况是，松压措施仍不能彻底解散团块，揉捻一定时间后还要解块，有的结合筛分进行解块。

三、揉捻的方法

揉捻的方法，除了少部分地区手揉外，多是采用机揉。机揉设备装叶 10 ～ 50 千克，为手揉量的几十倍到几百倍。机揉比手揉的工作效率大为提高。揉捻时间，手工 5 ～ 10 分钟，机揉 20 ～ 100 分钟。装叶量越多，揉时越长。按最长揉时算，机揉比手揉多十多倍的时间。机揉叶量多，揉捻时间长，散热比手揉慢，水分的散失也较手揉少。机揉的揉捻叶的化学变化比手揉多。假如热揉用于手揉并不影响到茶叶的色香味品质，而用于机揉，茶叶的色香味品质就要改变。所以揉捻机的揉桶不宜太大。

揉捻对外形要求是“五要五不要”：一要叶条，不要叶片；二要圆条，不要扁条；三要直条，不要弯条；四要紧条，不要松条；五要整条，不要碎条。揉捻一般分初揉、复揉两个步骤，较老鲜的叶实行热揉。主要采用中小型揉捻机，也有用手揉的，机揉 20 ～ 30 分钟，手揉 5 分钟左右。因大叶种叶肉薄，含水量高，揉捻应适当偏轻。揉捻机的机型不同，投叶量的多少不一。老叶也有进行三次揉捻的。

普洱茶原料加工时根据鲜叶老嫩的不同，较粗老的鲜叶揉捻时必须采取轻压，揉捻机转速要慢，揉捻时间不宜过长，否则叶肉和叶脉将会分离，形成“丝瓜络”，梗皮脱落形成脱皮梗。因此，生产实践中掌握揉捻时间的长短和加压的轻重应视茶叶老嫩和揉捻机的转速而定，一、二级茶先轻揉 5 分钟，再加压 5 分钟，然后松压轻揉 5 分钟左右；三、四级茶因叶子较老，加压也应较轻，揉捻时间可缩短到 10 分钟左右。后发酵茶上机复揉时加压不宜重，复揉时间一般是一、二级茶揉 5 ～ 7 分钟，三、四级茶约揉 10 分钟。要求达到一、二级条索紧卷，三级茶泥鳅茶多，四级茶起皱褶的标准。复揉后的茶坯不宜摊放过久，如不能及时干燥，要经常翻拌以透气散热。

第五节　解块和干燥

一、解块

柔软性、黏性大的叶子在揉捻过程中，容易几个叶片或叶条粘连在一起，并滚转成团块。团块在压力下越滚越紧。这些团块在干燥中水分不容易蒸发。贮存过程中容易发霉变质、影响整批茶叶质量。因此，需要解块。当干燥时解块，“在制茶”的条索粗松，有的不成条形，将影响茶叶外形，在揉捻时用松压措施解块较好但不彻底，揉捻一定时间后仍要解块，可结合筛分进行解块。

解块技术措施在解散团块的同时，会抖松条索，影响条索紧度。因此，实际应用时要注意，无须解散团块的就不要解块。一般来说，较老叶子，可分两次揉捻，中间解块一次。

一、二级杀青叶，一般采取一次揉捻，揉捻后解块筛分。三级或老嫩不匀的杀青叶，应分两次揉捻，中间解块筛分一次，再对头道揉捻进行复揉。

解块筛分的筛网配置，其上段为 4 孔 /25.4 毫米，下段为 3 孔 /25.4 毫米。操作时，上叶要均匀，然后筛底叶继续下一步加工，粗头可再揉捻一次，以使茶条更加紧结。

二、干燥

干燥是普洱茶原料加工的最后一道工序，与所加工的普洱茶原料的品质有密切关系，是很重要的工序之一。干燥过程除了去除水分达到充分干燥，便于贮藏，以供长期存放待加工外，还有在前几道工序基础上，进一步形成普洱茶原料特有的色、香、味及形状的作用。

在普洱茶原料加工的各个工序中，随着水分的含量变化，其物理性状也相应地发生变化。因此，在普洱茶原料加工过程中，按照普洱茶品质要求，了解失水和内质变化的关系，根据普洱茶原料加工时茶叶失水的多少，所呈现出的不同的品质特征，严格地控制一定的加工技术条件，就能使有效成分按照人们所需要的方向变化。所以说，在生产中，控制含水量是鲜叶加工中各个工序适度的主要技术指标之一。在普洱茶原料加工过程水分的变化，鲜叶含水量 75% 左右，杀青含水量应控制在 55% ～ 60%，日光干燥后保持在 10% 左右。鲜叶含水量与普洱茶原料加工茶叶消耗定额鲜叶的管理也有密切关系。除去含有表面水的鲜叶，一般来说，4 千克鲜叶可制干茶 1 千克。

在普洱茶的原料加工过程中，干燥环节至关重要，通常主要通过日光进行。加工完成后的普洱茶原料，其含水量应控制在大约 10%，这样既可以长时间地保存，又有利于茶叶向普洱茶独特品质的形成方向发展。但是，如果原料的含水量过高，茶叶内部的化学反应会过度进行，微生物的生长速度也会过快，导致茶叶迅速发生过度的霉变，对后续的加工过程产生不利影响。

为了满足这一加工需求，普洱茶原料加工厂应配备专用的晒场。晒场的建设材料可选用水泥、地板砖、竹木或不锈钢等，关键是要保证场地清洁、无污垢，并设有冲洗设施，以便在使用前后能及时进行冲洗，保持卫生。

在干燥过程中，工作人员应使用洁净的摊笆将揉捻后的茶叶薄薄地摊开，然后在强烈的日光下晾晒 30 ～ 40 分钟。接着，将茶叶移至阴凉处摊放 10 ～ 15 分钟，以进行短暂的休息和调整。之后，再次进行一次或两次的晾晒，直至茶叶达到足够的干燥程度。为了使茶叶条索更加紧，中途还可以进行一次复揉操作。

值得注意的是，普洱茶的原料干燥过程受自然条件的影响较大。在阴雨天气下，由于无法进行日光晾晒，只能利用各家厨房的锅灶余热进行烘干，甚至有些情况下只能采取晾干的方式。这样的干燥条件下所得的茶叶品质往往较差。

总体而言，虽然普洱茶原料的干燥成本相对较低，但在操作过程中必须注意卫生问题，特别是在摊晒过程中要防止混入其他非茶类的夹杂物，以确保茶叶的品质和安全。

第四章　普洱茶加工

第一节　普洱熟茶散茶的加工

普洱熟茶的加工分为原料的准备、潮水、后发酵（微生物固态发酵）、翻堆、干燥、分筛、拣剔、拼配、仓贮陈化等过程。

一、原料的准备

普洱茶原料通过筛分、拣剔后干燥，使水分保持在12%左右。对水分、杂质进行检验合格后，即可付制。用于加工普洱茶的原料分为十一级，逢双设样，其部分级别品质特征如表4-1所示。

表4-1　普洱茶原料部分级别品质特征

级别	外形				内质			
	条索	色泽	整碎	净度	香气	滋味	汤色	叶底
特级	肥嫩紧结显锋苗	油润芽毫特多	匀整	稍有嫩茎	清香浓郁	浓醇回甘	黄绿清净	柔嫩显芽
二级	肥壮紧结有锋苗	油润显毫	匀整	有嫩茎	清香尚浓	浓厚	黄绿明亮	嫩匀
四级	紧结	墨绿润泽	尚匀整	稍有梗片	清香	醇厚	黄绿	肥厚
六级	紧实	深绿	尚匀整	有梗片	醇正	醇和	绿黄	肥壮
八级	粗实	黄绿	尚匀整	梗片稍多	平和	平和	绿黄稍浊	粗壮
十级	粗松	黄褐	欠匀整	梗片较多	粗老	粗淡	黄浊	粗老

二、潮水

普洱茶渥堆发酵前必须增加茶叶的含水量才能正常进行，这一步骤叫“潮水”。因此，需在普洱茶原料中加入一定量的清水，拌匀后即可后发酵（微生物固态发酵）。加入的水量计算公式如下：

$$加水量（千克）=付制原料（千克）\times\frac{预定潮水茶含水率-原料茶含水率}{1-预定潮水茶含水率}$$

预定时需要根据茶叶原料的老嫩程度、空气湿度以及气温高低来确定合适的潮水茶含水量。对于老叶，其潮水率应相对较高；而对于嫩叶，则潮水率应相对较低。当空气较为干燥或气温较高时，潮水率也应相应提高；反之，当空气湿度较大或气温较低时，潮水率则应适当降低。

在进行潮水处理时，建议使用冷水进行操作。在大规模生产过程中，当普洱茶原料大量堆放进行后发酵（微生物固态发酵）时，为确保发酵的顺利进行并维持适宜的温度和湿度条件，可在原料堆表面适当喷洒水分，并覆盖湿布以增温保湿。这样的处理措施有助于促进后发酵过程的顺利进行，从而提升普洱茶的品质。

三、后发酵（微生物固态发酵）

后发酵（微生物固态发酵）是普洱茶加工技术的重要工序，也是形成普洱熟茶独特品质的关键性工序。形成普洱熟茶品质的实质是以云南大叶种普洱茶原料（晒青）的内含成分为基础，在后发酵过程中，微生物代谢产生的热及茶叶的湿热作用使其内含物质发生氧化、聚合、缩合、分解、降解等一系列反应，从而形成普洱熟茶特有的品质风格。普洱茶加工原料一般的含水量在9%～12%，在加工时必须增加茶叶的含水量才能较好地发挥湿热作用。

影响后发酵（微生物固态发酵）的因素很多，其中叶温、茶叶含水量、供氧等尤为重要。在这个过程中，水有极其重要的介质作用。普洱熟茶后发酵前，加入一定量的水，在后发酵过程中，采取保水措施，因此在出堆前，水分的变化是很小的。在后发酵过程中，水分含量是逐渐减少的，而温度是逐步升高的，温度最高可达60℃～65℃。控制水分和温度的变化，对可溶性成分的变化起着积极的作用。多酚类化合物在后发酵过程中的氧化速度与温度的高低、时间的长短有关。随着后发酵（微生物固态发酵）温度的升高，氧化加剧，故后发酵温度不能过高，时间也不能过长。否则茶叶会“碳化”（俗称“烧堆”），茶叶香低、味淡，茶汤汤色红暗。反之，后发酵（微生物固态发酵）温度太低，时间太短，也会造成发酵不足，使多酚类化合物氧化不足，进而导致茶叶香气带有粗青感，滋味苦涩，汤色黄绿，不符合普洱熟茶的品质要求。

四、翻堆

在普洱熟茶的后发酵（微生物固态发酵）过程中，翻堆技术对于确保普洱茶品质和提升制茶率至关重要。为了掌握好发酵程度以及应对发酵堆的温度、湿度和环境变化，必须适时进行翻堆操作。如果在潮水过程中水分不足，那么在“翻水”环节就应该及时补足所需的水分。

翻堆的目的有两个：一是为了有效降低堆温，防止茶叶因高温而受损；二是确保堆内的茶叶能够均匀受到温度、湿度、氧气、微生物和酶的共同作用，从而达到协调提升普洱茶品质的效果。一般来说，翻堆的间隔时间为 5 ～ 10 天，但具体的时间应根据后发酵场地的情况、堆温、湿度以及后发酵的程度来灵活调整。

在进行翻堆操作时，需要注意打散团块、翻拌均匀，同时要严格控制堆温在 40℃～ 65℃的范围内。经过若干次翻堆处理后，当茶叶的颜色转变为红褐色时，即可进入下一道工序——摊晾干燥。这一过程对于确保普洱茶最终的品质和口感至关重要。

五、干燥

在普洱茶加工过程中，当后发酵（微生物固态发酵）结束后，为避免后发酵过度，必须进行干燥。因普洱熟茶有一个后续陈化过程，这个过程中对普洱茶品质的形成有醇化的作用，所以普洱熟茶的干燥切忌烘干、炒干。晒干也尽量少用，因晒干会增加茶叶的损耗达 5% 以上，同时也会影响普洱熟茶的风味。普洱熟茶的干燥宜用室内通沟法进行通风晾置干燥。通沟按每隔 50 ～ 80 厘米顺序，下一次按反向进行，如此循环往复至茶叶含水量 14% 以下即可起堆进行分筛。

六、筛分

筛分是普洱熟茶散茶加工时根据茶叶的粗细、长短分号，以筛分要求定普洱茶各号头，一般圆筛、抖筛及风选联机使用筛孔的配置按茶叶老嫩选择，即“看茶做茶”。根据筛网的配置把普洱茶分筛为正茶、茶头、脚茶三个号头。正茶送拣剔场待拣，茶头进行洒水回潮后解散团块，脚茶经再分筛处理后制作碎茶及末茶。普洱茶后发酵（微生物固态发酵）结束后，通过抽样审评，即可按品质差异、级别差异进行归堆，再按普洱茶成品茶要求配置筛号筛分。通常普洱熟茶散茶级别的筛孔的配置为：宫廷是抖筛 9 号底、圆筛 8 号底拼配的茶叶；特级是抖筛 7 号底、圆筛 6 号底拼配的茶叶；一级是抖筛 5 号底、圆筛 4 号底和 6 号底拼配的茶叶；三级是抖筛 3 号底、圆筛 4 号底拼配的茶叶；五级是切碎茶经抖筛 3 号底、圆筛 4 号底和 6 号底拼配的茶叶；七级是抖筛 3 号底、圆筛 4 号底拼配的茶叶；九级是抖筛 3 号底、圆筛 3 号底 4 面拼配的茶叶；十级是抖筛 2 号底和 3 号底，切碎茶经圆筛 3 号底拼配的茶叶。各级别对样评定，分别堆码。筛分好的级号散茶可以分装进行包装销售，也可以蒸压后做成紧压成型茶。

七、拣剔

拣剔就是把茶叶中的杂质除去，其是普洱茶品质的基础。普洱熟茶要求对各级各号茶进行拣剔，剔除非茶类夹杂物，拣净茶果、茶梗，拣剔验收合格后，分别堆码待拼配之用。

八、拼配匀堆

拼配匀堆是指根据茶叶各花色等级筛号的质量要求，将不同级别、不同筛号、品质相近的茶叶按比例进行拼和，使不同筛号的茶叶相互取长补短、显优隐次、调剂品质、提高质量，保证产品合格和全年产品质量的相对稳定，并最大限度地实现茶叶的经济价值的重要环节。

九、仓贮陈化

普洱熟茶的独特品质特点需要在后续的陈化过程中逐渐形成。在这个过程中，茶叶内部的各种成分会经历一系列协调的变化，这些变化对于普洱茶最终品质的形成起着至关重要的作用。因此，在茶叶经过拼配、匀堆和装袋后，必须进行一段时间的仓储陈化，以促使普洱熟茶独特品质风味的形成。

仓储陈化过程对茶叶的存放环境有严格的要求。首先，茶叶应存放在有专人管理的专用仓库内，以确保存储条件的恒定和茶叶的安全。其次，仓库的湿度应控制在 70% 以下，温度维持在 25℃左右。这样的湿度和温度条件有利于茶叶的缓慢陈化和内部成分的转化。此外，仓库环境必须保持清洁，通风良好，并且无异味，以确保茶叶在陈化过程中不会受到污染或吸收不良气味。通过这些措施，可以有效地促进普洱熟茶的品质形成和提升。

第二节　普洱紧压茶（熟茶）的加工

普洱紧压茶（熟茶）是一类源于我国云南地区的历史悠久的特种茶品，作为历史名茶，它一直备受海内外茶友的喜爱。在我国的港、澳、台等地以及东南亚市场上，普洱紧压茶享有广泛的知名度。近年来，其出口范围扩大至日本、法国、德国、美国等国家，同样受到了消费者的青睐。

传统的普洱紧压茶主要指的是采用云南大叶种晒青毛茶经过蒸压加工制作而成的紧压茶，即生茶。然而，自 20 世纪 70 年代起，云南的昆明、勐海、下关、普洱、景谷、澜沧、临沧等地开始运用现代快速发酵技术来制作普洱紧压茶（熟茶）。

普洱紧压茶（熟茶）是一种经过后发酵（微生物固态发酵）处理的成型茶品，它以醇厚回甜的口感、红浓明亮的汤色、红褐色的叶底以及独特的陈香而闻名。这类茶品是由普洱散茶经过高温蒸压后塑造成的各种形状的茶，如外形端正、松紧适中的碗状普洱沱茶，长方形的普洱砖茶，正方形的普洱方茶，圆饼形的七子饼茶，以及心脏形的紧茶等。此外，还有其他特殊造型的普洱紧压茶。

云南普洱紧压茶的独特之处在于其芽叶紧密黏结成块，具有极佳的耐贮藏性。在适宜的存储条件下，随着时间的推移，其品质也会逐渐提升，因此被广大茶友誉为“越陈越香”的珍品。

普洱紧压茶（熟茶）特殊品质的形成是由其独特的加工技术决定的。加工工艺流程为：原料付制→筛分→半成品拼配→润茶→称茶→蒸压→干燥→包装→仓贮陈化。

一、原料付制

普洱紧压茶（熟茶）的原料是优质云南大叶种普洱茶原料经后发酵（微生物固态发酵）加工而成的普洱散茶。其水分含量必须保持在保质水分标准以内，并堆放在干燥、无异味、洁净的地方以防止茶叶受潮、变质。在加工前必须做水分检验方能付制，并作为核算制茶率和拼配比例的依据。

二、筛分

筛分主要是分出茶叶的粗细、长短、大小、轻重等。也依此确定茶叶号头。圆筛机、抖筛机及风选机联机使用筛孔的配置，按茶叶的老嫩而定。一般普洱熟茶的筛分分为正茶、头茶和脚茶。根据各级别对样评定后，分别堆码，同时通过筛分整理后可确定紧压茶的撒面茶，包心茶。

三、半成品拼配

拼配是优化普洱茶风味的关键步骤。鉴于普洱茶独特的“陈年”属性，调配过程中必须确保其色泽、香气、口感和形态都凸显出“陈”的特点。因此，在调配之前，需要对每种茶叶单独冲泡评审，以准确掌握其后发酵程度（轻、重、优、次），以及半成品存储时间的长短和存储期间的色、香、味变化情况。基于这些信息，我们进行精细调整，包括调整发酵程度、品质等级以及新旧茶叶的比例，以确保充分展现和强化云南普洱茶的独特魅力。

在拼配过程中，应严格遵循普洱茶各类花色和等级的标准，将不同级别、筛号和品质相近的茶叶按照一定比例混合，以便它们可以相互补充、突出优点、掩盖不足、平衡品质，达到提升整体质量的目的。这种精细的调配不仅保证了产品的合格性和全年质量的稳定性，还最大限度地实现了普洱茶的经济价值。

四、润茶

润茶是为了防止茶叶在压制时破碎的前期处理，以保持茶叶芽叶的完好。润茶水量的多少依据茶叶的老嫩程度、空气湿度大小而定。润茶后的茶叶容易蒸压成型，但润茶后的原料应立即蒸压，否则茶叶可能会发生质变。

五、蒸压

（一）称茶

称茶是成品单位重量是否合乎标准计量并防止原料浪费的关键步骤，必须经常校正和检查衡量是否准确；称茶应根据拼配原料的水分含量按付制原料水分标准与加工损耗率计算称茶量，重量超出规定范围的均作废品处理。其计算公式如下：

$$\text{每块茶应称重}=\text{每块茶标准重}\times\frac{1-\text{计重水分标准}}{1-\text{配料含水量}}+\text{半制品耗损值}-\text{撒面茶重量}$$

为保证品质规格，称量要正确，正差不能超过1%，负差不能超过0.5%。

（二）蒸茶

蒸茶的目的是使茶胚变软便于压制成形，并可使茶叶吸收一定水分，进行后发酵作用，同时可消毒杀菌。蒸茶的温度一般保持在90℃以上。在操作上要防止蒸得过久或蒸汽不透面，过久造成干燥困难，蒸汽不透面造成脱面[①]掉边影响品质，在蒸汽的温度为90℃以上时，一般1分钟蒸4次，茶叶变软时即可压制。

（三）压茶

压茶分为手工压制和机械压制两种，在操作上要压力一致，以免厚薄不均，装模时要注意防止里茶外露。

---

① 脱面是指紧压茶的盖面脱落。

（四）退压

压制后的茶坯须在茶模内冷却定型 3 分钟以上再退压，退压后的普洱紧压茶要进行适当摊晾，以散发热气和水分，然后进行干燥。

六、干燥

云南普洱紧压茶（熟茶）的干燥方法有室内自然风干和室内加温干燥两种，干燥的时间随气温、空气相对湿度、茶类及各地具体条件而有所不同。在干燥季节，室内自然风干的时间要在 120 ～ 190 小时才能达到云南普洱紧压茶的标准干度。室内加温干燥因地区气候情况的不同而有所不同，加温干燥一般在烘房中进行，温度不能过高，否则会产生不良后果。干燥时成品含水量由高降至标准干度。

七、包装

在包装云南普洱紧压茶（熟茶）时，主要采用传统的包装材料。内包装通常选用质地优良的棉纸，而外包装则多使用如笋叶、竹篮等自然材料。为了确保包装的牢固性，采用麻绳或篾丝进行精心捆扎。在茶叶进行包装之前，要严格进行水分检测，以确保成品茶的含水量符合出厂标准。所有包装材料都必须保持清洁且无异味，包装过程中要确保扎紧，从而防止成茶在搬运过程中出现松散或脱面的情况。

图 4-1　普洱紧压茶（熟茶）的包装

八、仓贮陈化

云南普洱紧压茶（熟茶）的后发酵是一个由自然氧化和微生物活动等因素共同作用的过程。当普洱茶的后发酵完成后，紧压茶会经过加工并存放一段时间，逐渐形成其独特的陈香风味。这种陈香会随着时间的推移而逐渐增强，因此，在适当的存储条件下，存放时间越长，普洱紧压茶（熟茶）的陈香特色就越浓郁，品质也越高。

包装完成的云南普洱紧压茶（熟茶）需要存放在干净、通风的仓库中，以便其自然陈化并缓慢地进行转化。在存储期间，要密切关注仓库内的温度和湿度变化，确保它们保持相对稳定。同时，在维护茶叶品质稳定变化的同时，仓库的清洁卫生也至关重要，必须确保存储环境无异味，以防止普洱紧压茶（熟茶）受到污染。

第三节　普洱生茶的加工

普洱生茶是一种以普洱茶原料为基础，经过蒸压成型工艺精心制作的紧压茶。它的独特品质体现在外形色泽呈墨绿色，香气清新而持久，口感醇厚且回甘，汤色则是绿黄清澈。此外，其叶底肥厚，呈黄绿色。这种茶被视为普洱熟茶的初步形态。

在加工过程中，普洱茶原料会经历筛分、扇风、切割、扎紧等一系列步骤，转化为半成品。随后，这些半成品会在高温下进行蒸热软化，再压制加工成形态各异的团块茶，人们也常称之为“蒸压茶”，属于再加工茶的一种。

云南被公认为世界茶树的原产地，而普洱茶（生茶）在这片土地上拥有深厚的历史积淀，其品质卓越无比。制作普洱生茶的毛茶来源于云南省内各个茶区，尤其以大理、西双版纳和昆明等地的产量最为集中。市场上的产品形态多样，包括紧茶、七子饼茶、方茶、圆茶、沱茶等多种花色品种。这些茶叶主要销往国内，同时也有部分出口到海外市场。

一、普洱生茶压制特点及成品规格

普洱生茶是半成品普洱茶再加工的茶类。它是利用茶叶的黏稠性，压制成各种形状不同的块状茶团。半成品普洱茶经过高温蒸热后，回潮受热，叶质柔软，恢复黏稠性，便于压制成块状茶团，所压制的茶紧结平整。半成品茶再加工为蒸压茶，既改变了外形，又改变了内质，一举两得，其目的有三个。

（1）蒸压茶远销各地，要经过长途运输，而疏松庞大的散茶，增加了运输的困难，经过蒸压后，体积可缩小 17%–20%，便于运输。

（2）古时边疆地区交通困难，茶叶运到市场，再运到销区，要经过很长时间，短则数月，长则一二年，散茶疏松、孔隙多、吸湿性很强，容易受湿劣变。压缩后，茶叶紧密结实，破坏孔隙，降低了吸湿性能，就不易受湿劣变，可长时间保持品质，耐久藏。

（3）粗老的茶叶，味苦涩，香气低，品质不高，经过蒸压和干燥的技术措施，产生复杂的化学变化，去掉了苦涩味，提高香气，改善了品质。

普洱生茶在压制前，也需要整饰形状、淘汰劣异、划分品级和除去多余水分，在筛分复制上采用分离与合并的方法，把毛茶分成各种不同的筛号茶，再匀堆归并为半成品茶，这种半成品茶经过高温汽蒸，才能压制加工成各种不同形状的砖茶或普洱茶。刚压成的砖茶需设专门烘房或放置通风的地方，让其慢慢干燥。加工的特点概括起来是：高温汽蒸，压制成型，缓慢干燥。

普洱生茶的外形，要求平滑、整齐、厚薄大小匀正，凡分撒面、包心的茶，其撒面茶应分布均匀，不起层不掉面，包心不外露。

普洱茶（生茶）成品内质和形状如表 4–2 所示。

表 4–2 普洱茶（生茶）成品内质和形状

成品名称	净重（克）	形状、规格	色泽	香气	滋味	汤色	叶底嫩度
沱茶（个）	100	碗臼状，口直径 8.8 厘米，高 4.8 厘米	乌润、白毫显	醇浓	浓厚	黄明	嫩匀尚亮
饼茶（个）	125	圆饼形，直径 11.8 厘米，边厚 1.8 厘米	尚乌有白毫	醇和	醇正	橙黄	尚嫩欠匀
方茶（个）	125	正方块 10 厘米 ×10 厘米 ×2.2 厘米	尚乌有白毫	醇和	醇正	橙黄	尚嫩欠匀
青砖（个）	500	长方块，14 厘米 ×9 厘米 ×2.2 厘米	尚乌有白毫	醇正	醇正	橙黄	尚嫩欠匀

二、普洱生茶加工技术

消费者因饮用习惯的不同，对普洱生茶的花色品种有着不同的要求，从而对普洱茶原料嫩度要求不一。边销（专门销往边疆少数民族地区）普洱生茶较粗老，并允许有一定的含梗量；内销、侨销和外销的普洱方茶，以较细嫩的普洱茶原料做主要原料。

对于普洱生茶的加工，是先把加工好的普洱茶原料经过拼配、筛分，形成半成品，再按茶叶品质的要求拼配、蒸茶压制、烘房干燥和检验包装即成。

（一）普洱生茶原料拼配

普洱生茶原料进厂后，对照收购标准样复评验收，按验收等级归堆入仓，等级内分10堆，等级外共11个堆。同时，检测含水量，如普洱生茶原料1～8级，含水分9%～12%即可入仓。

付制前，各种普洱生茶，须按不同普洱生茶原料拼配比例取料。

普洱生茶原料拼配应根据成品规格的要求，保证内质，如某一毛茶短缺，除按上、下级进行适当调剂搭配外，规定的普洱生茶原料拼配比例，不得轻易变动，以免影响成品茶的品质。

（二）筛分切细

普洱生茶的筛分除沱茶比较细致外，其余均较简单，但必须分为出盖面（撒面茶）、底茶（里茶或包心茶），剔除杂物。

茶厂一般按产品单级付制、单级收回，筛分实行联机作业，各级各堆的普洱生茶原料按比例拼配，混合筛分，先抖筛后圆筛再抖筛，分出筛号茶（平圆机筛网组合4、5、7、9孔，4孔上为一号茶最粗大，9孔下为五号茶最细），经风选、拣剔后分别拼成面茶与里茶。

（三）半成品拼配

普洱生茶压制，一般分为面茶和里茶。经过筛切后的半制品筛号茶，分别根据各种普洱生茶加工标准样进行审评，确定各筛号茶拼入面茶及里茶的比例。

按比例拼入面茶和里茶的各筛号茶，经拼堆机充分混合后，喷水进行软化蒸压。

（四）蒸茶压制

一般分为称茶、蒸茶、压模、脱模等工序。

1．称茶

经拼堆喷水后的付压茶坯含水量，一般在15%以上，而各种普洱生茶成品计量水分为10%，保质含水量9%～12%。为了保证成品出厂时单位重量符合规定标准，在付压前根据付制压茶水分含量，成品标准干度结合加工损耗率，计算确定称茶的重量。其计算公式与普洱紧压茶（熟茶）的计算公式相同。

为了保证品质规格，称量要准确，正差不能超过1%，负差不能超过0.5%。称茶动作要熟练、精确、快速，一般先称里茶，再称面茶，按先后倒入铝合金蒸模，投入一张小标签，然后进行蒸茶工序。

2．蒸茶

普遍使用锅炉蒸汽，高温蒸汽通过管道输入蒸压作业机，将茶迅速蒸熟，促进其变色，便于成型。锅炉蒸汽蒸茶只需5秒，蒸后，水分增加3%～4%，即茶坯含水量达18%～19%。

3．压模

茶厂生产各种规格的普洱生茶，多数采用冲压装置，装入铝模，置于甑内由带柄的压盖压住，由冲头对压盖加压，压力一般为980N（质量为10千克的物体产生的压力）左右，偏心轴转速（80～100转/分钟），一般每甑茶冲3～5次，最多不能超过6～7次，使茶块厚薄均匀，松紧适度。

4．脱模

压过的茶块，在模内冷却定型后脱模。冷却时间视定型情况而定。机压定型较好，施压后稍加放置即可脱模；而手工压制则须经冷却半小时后方可脱模。

（五）烘房干燥

传统干燥制法是把成品放置在晾干架上，让其自然失水，干燥到成品标准含水量，时间一般长达 5 ～ 8 天，多则 10 天以上，造成人力、物力浪费，而且影响品质，现已改用烘房干燥。烘房干燥是利用锅炉蒸汽余热，由管道通向干燥室，室内设烘架，下面排列加温管道，温度可达 45℃，而紧茶、饼茶、方茶在 30℃的温度条件下，只需 13 ～ 14 小时的烘干，水分即可降到出厂水分的 13% 左右。在烘房干燥中，如室内湿度超过室外空气相对湿度，每隔 2 ～ 3 小时，应打开气窗排湿一次。

（六）检验包装

经过干燥的成品茶，进行抽样，检验水分、单位重量、灰分、含梗等，并对品质进行审评，检验内容如表 4-3 和表 4-4 所示。

表 4-3 云南普洱紧压茶成品重量与出厂成分检验标准

项目 茶类	重量（千克）		水分（%）	灰分（%）	含梗（%）	杂质（%）
	每块	每件				
紧茶	0.85	30	13.0	9.0	5 ～ 12	1.0
饼茶	0.125	37.5	12.5	8.0	6.0	1.0
方茶	0.125	37.5	12.5	8.0	6.0	1.0
圆茶	0.357	30	11.0	8.0	4 ～ 6	0.5

表 4-4 云南普洱紧压茶成品形状与品质要求

项目茶类	形状	规格	色泽	香气	滋味	汤色	叶底
紧茶	砖形	14 厘米 ×9 厘米 ×2 厘米	乌润	醇正	醇和尚厚	黄红	粗嫩不匀
饼茶	饼形	直径 11.6 厘米，边厚 1.3 厘米，中厚 1.6 厘米	灰黄	醇正	浓厚微涩	黄明	花杂细碎
方茶	正方形	10 厘米 ×10 厘米 ×2.2 厘米	灰黄	醇正	浓厚微涩	黄明	花杂细碎
圆茶	圆饼形	直径 20 厘米，边厚 1.3 厘米，中厚 2.5 厘米	乌润	醇正	醇和尚陈	橙黄	尚匀

第四节 普洱茶的质量安全控制体系

一、无公害体系

（一）无公害茶叶的概念

无公害茶叶的含义是指茶叶中不含污染或者把茶叶中的公害污染物（如农药残留、重金属、有害微生物等）的卫生质量指标控制在有关最大限量标准以内，对消费者的身心健康没有危害。无公害茶包括低残留茶、绿色食品茶等类型的茶叶。

（二）无公害体系在普洱茶产业运作过程中的应用

1. 茶园生态条件

茶叶安全生产需要在适宜的生态条件下进行。茶树的生长地、产地的生态环境条件是影响茶叶质量安全的主要因素之一，通过对茶园生态环境条件考察与环境质量监测，选择符合国家有关标准规定的茶园。为此必须设置监测点，对土壤环境质量、大气质量及水体质量进行监测。一般而言，茶叶生产基地必须设置隔离带，远离工厂和村庄；还可营造防护林带，在山顶、山谷、沟渠和道路两旁种植树木，梯壁杂草以割代锄，坎边种植绿肥和护坡植物；园内修竹节沟，以保护自然生态和防止水土流失。

2. 加工厂条件

茶叶加工厂应位于环境良好、无污染的地带，通常要考虑大气、水源和周边条件 3 个因素。大气环境应符合《环境空气质量标准》（GB3095—2010）中规定的三级标准。水源要求达到《生活饮用水卫生标准》（GB5749—2022）。工厂内要求清洁卫生、工艺规范设备对茶叶不构成污染、规章制度齐全等。

3. 销售点条件

销售单位必须经有关部门授权或批准，销售点必须远离污染源和有毒有害场所。一是销售人员需符合食品安全相关要求。同时，要加强对销售环节的检查、调查和责任追究，以确保“无公害食品行动计划”的贯彻实施。二是建立农产品质量检测制度。除配合国家、省里组织的抽检外，市、区、镇要列出作为抽检对象的主要产品，在生产期开展不定期、不定时、不定点、不预先告知的抽检工作。检测制度的制定要依据《无公害农产品抽样规范》《无公害农产品认证产地环境检测管理办法》、原农业部制定颁布的《无公害农产品质量标准》进行有针对性的制定。三是严格按照国家食品卫生法的要求选择无公害茶产品的标签和包装材料，所有的包装材料必须无污染；包装材料必须是食品级的包装材料；茶叶产品的包装材料应具有保鲜性能。四是严格按照各类无公害茶产品要求的条件进行储运，严防霉变和有害生物、有害物质经储运环节混入茶产品。

（三）无公害体系对普洱茶市场的影响

普洱茶现已是云南省农业的支柱产业，近年来，普洱茶的复兴给茶农、茶产地和当地政府带来了良好的经济效益。普洱茶生产建立无公害体系能促进普洱茶市场的良好运行，同时也为促进云南普洱茶龙头名优产品走向世界奠定基础，并且能更好地维护企业形象和产品的品牌，有效地打击假冒伪劣产品。

二、HACCP 管理体系

（一）HACCP 的概念

HACCP（Hazard Analysis and Critical Control Point）是“危害分析和关键控制点”的英文缩写。HACCP 是一种控制危害的预防性体系，是用于保护食品防止生物、化学、物理危害的管理工具。应用到茶叶当中， HACCP 可确保茶叶在生产、加工、制造、准备和饮用等过程中的安全，在危害识别、评价和控制方面是一种科学、合理和系统的方法。但这并不意味着茶叶在健康方面存在不可接受的威胁。其可识别茶叶生产过程中可能发生的环节并采取适当的控制措施，防止危害的发生，通过对加工过程中的每一步进行监视和控制，从而降低危害发生的概率。

传统的质量控制往往注重最终产品的检验，而这又不能达到消除食源疾患的目的，为此在20世纪60年代由PILLSBURY公司、美国NATICK军队实验室和国家航空宇宙管理部门在开发美国宇宙计划食品中首次提出了HACCP这一概念。它虽然不是一个零风险体系，却是一个食品安全控制的体系，它不是一个独立存在的体系。HACCP必须建立在食品安全项目的基础上才能运行。

（二）HACCP管理体系在普洱茶产业中的应用

HACCP管理体系通过界定在普洱茶食品安全生产过程中涉及的关键控制点，并对这些关键控制点进行体系的监督，以及当对某个关键控制点失去控制时应采取的措施，同时保留这些有关监督的记录，预防普洱茶安全“危害”的产生。

1. 检测和合理施肥

（1）土壤管理控制点

土壤是茶树生长的基本物质条件，土壤受到污染，其污染物质通过土壤→茶树→茶叶→人体的食物链，影响人体健康。因此，土壤管理成为关键技术质量安全控制点之一。要按规定定期监测土壤肥力水平和重金属元素含量，一般要求每两年检测一次，根据检测结果，有针对性地采取土壤改良措施。如采用地面覆盖、合理耕作、施用有机肥等方法改良土壤结构。对土壤深厚、松软、肥沃，树冠覆盖度大，病虫草害少的茶园可实行减耕或免耕。幼龄茶园可台刈改造，宜间作豆科绿肥，培肥土壤和防止水土流失。

（2）施肥控制点

施肥是培肥土壤、营养茶树、改善茶叶品质的手段。但施肥最易引起茶园污染。肥料对环境的污染包括：

①对土壤污染。如制肥原料含有的重金属、有毒离子以及垃圾、污泥中混杂的废电池、洗涤剂、病原体等；

②对水质的污染。主要是氮素肥料大量施用，形成水体富养化及还原成亚硝酸盐，影响人体健康；

③对大气的污染。主要是施肥不当，造成氨气挥发，污染了空气。因此，

必须根据土壤理化性质、茶树长势、预计产量、制茶类型和气候等条件，确定合理的肥料种类、数量和施肥时间，实施茶园平衡施肥，防止茶园缺肥和过量施肥。

2．有害生物综合控制点

茶树的病虫防治与监控是普洱茶食品安全生产技术的重中之重。在病虫防治中既要有效地控制病虫，又要保证普洱茶质量安全，技术难度较大。要遵循"预防为主，综合治理"方针，从茶园整个生态系统出发，综合运用各种防治措施，创造不利于病虫草等有害生物滋生和有利于各类天敌繁衍的环境条件，保持茶园生态系统的平衡和生物的多样性，这样，通过茶园生态系统中生物种群间的平衡，将有害生物控制在允许的经济阈值以下。此外，还可以配合农业防治、物理及机械防治方法。

3．加工控制点

普洱茶加工过程就是将鲜叶制成成品的过程，如果这一过程质量出了问题，会使栽培阶段生产的鲜叶变成"废品"，因此，必须在加工过程3个最易造成污染的环节进行重点监控。

（1）生产工艺流程中机具污染的控制。茶叶鲜叶加工要接触到多种机具，这些机具多由铜、铁、不锈钢制成，这些机具的不洁或被腐蚀会造成茶叶污染。因此，普洱茶加工厂的所有机具不仅质量要符合行业标准，并且最好选用不锈钢材质，设备零部件不宜使用含铅、铜、铝的金属材料。而且，加工前设备必须冲洗干净，防止机具的污染物带入茶叶。加工结束后也要冲洗擦干并加以覆盖，以备后用。

（2）茶厂燃料及废弃物对茶叶污染的监控。茶厂内的燃料、燃烧的废弃物及尘埃是重要的污染源之一。目前，许多普洱茶加工厂的热源多数还是以柴或煤为主。柴灰和煤灰及燃烧的废气最易造成废气物中的重金属及尘沫对茶叶的污染。因此，普洱茶厂的柴、煤必须有专门的堆放点，并与茶叶摊放点要有相当距离；柴或煤灶的灶口要开在车间外面，并用隔离墙隔开，确保普洱茶加工车间无烟雾、无灰末、无尘土，卫生清洁。

（3）操作人员及其他人员对普洱茶污染的监控。加工厂工人的卫生、操作及其他人员（如参观、检查人员）等的行为也极易构成对普洱茶的污染。按规定，茶厂的工人或其他人员必须洗手、更衣、换鞋、戴帽才能进车间，必要时要戴口罩，工人必须持有健康证上岗，按规范操作。参观者不能随意用手去抓、摸茶叶。

4．包装贮运控制点

要保证最终送到消费者手里的普洱茶产品安全可靠、品质优良。茶叶包装和贮运控制点主要包括以下 3 个方面。

（1）包装材料的监控。所有与茶叶接触的包装材料要符合食品级包装材料要求，保证没有化学杀菌剂、防腐剂、熏蒸剂、杀虫剂等的污染，并应做到防潮、阻氧、保鲜、无异味、不含荧光等。严禁含有聚氯乙烯（PVC）和混有氯氟碳化合物（CFCs）的膨化聚苯乙烯的包装。

（2）茶叶贮放的监控。茶叶的贮放要求防潮，清洁、通风、低温、避光等，并有专用仓库存放。不能与其他非茶叶的物品混放。贮放茶叶的仓库内不能使用化学合成的杀虫、杀菌、防鼠、毒蟑等的化学物，以防这些化学物对茶叶的二次污染。

（3）茶叶运输的监控。运输茶叶的工具必须事先冲洗干净，保持干燥，无异味、清洁卫生，必要时进行灭菌消毒。严禁与有异味、有毒、有害及与其他化学品一起混装、混运。运输前后要严格检查标签、批号及内容，并要做好运输记录，货到记录到。

（三）HACCP 管理体系对普洱茶产业发展的作用

HACCP 体系被世界上越来越多的国家认为是确保食品安全的有效措施。普洱茶加工企业只有按照 HACCP 的要求建立质量管理体系和普洱茶安全管理体系，才能提高企业的质量管理水平和企业的普洱茶产品安全性，增强企业全体员工对普洱茶产品的安全风险意识，保证普洱茶产品质量符合标准，从而有力地保障消费者的合法权益。

（四）HACCP 认证程序

HACCP 体系认证通常分为四个阶段，即企业申请阶段、认证审核阶段、证书保持阶段、复审换证阶段。

1．企业申请阶段

首先，企业申请 HACCP 认证必须注意选择经国家认可的、具备资格和资深专业背景的第三方认证机构，这样才能确保认证的权威性及证书效力，确保认证结果与产品消费国官方验证体系相衔接。

认证机构将对申请方提供的认证申请书、文件资料、双方约定的审核依据等内容进行评估。认证机构将根据自身专业资源及CNAB授权的审核业务范围决定受理企业的申请，并与申请方签署认证合同。

在认证机构受理企业申请后，申请企业应提交与HACCP体系相关的程序文件和资料。申请企业还应声明已充分运行了HACCP体系。认证机构对企业提供和传授的所有资料和信息负有保密责任。

2．认证审核阶段

认证机构受理申请后将确定审核小组，并按照拟定的审核计划对申请方的HACCP体系进行初访和审核。必要时审核小组还会聘请技术专家对审核过程提供技术指导。申请方聘请的食品安全顾问可以作为观察员参加审核过程。

HACCP体系的审核过程通常分为两个阶段，第一阶段是进行文件审核，包括SSOP计划、GMP程序、员工培训计划、设备保养计划、HACCP计划等。这一阶段的评审一般需要在申请方的现场进行，以便审核组收集更多的必要信息。审核小组将听取申请方有关信息的反馈，并与申请方就第二阶段的审核细节达成一致。第二阶段审核必须在审核方的现场进行，审核组将主要评价HACCP体系、GMP或SSOP的适宜性、符合性、有效性。现场审核结束，审核小组将最终审核结果提交认证机构作出认证决定，认证机构将向申请人颁发认证证书。

3．证书保持阶段

鉴于HACCP是一个安全控制体系，因此其认证证书有效期通常最多为一年，获证企业应在证书有效期内保证HACCP体系的持续运行，同时必须接受认证机构至少每半年一次的监督审核。如果获证方在证书有效期内对其以HACCP为基础的食品安全体系进行了重大更改，应通知认证机构，认证机构将视情况增加监督认证频次或安排复审。

4．复审换证阶段

认证机构将在获证企业HACCP证书有效期结束前安排体系的复审，将通过复审认证机构向获证企业换发新的认证证书。

此外，根据法规及顾客的要求，在证书有效期内，获证方还可接受官方及顾客对HACCP体系的验证。

三、QS 认证体系

（一）QS 体系的概念

QS 是食品“质量安全”（Quality Seftly）的英文缩写，带有 QS 标志的产品就代表着经过国家的批准。所有的食品生产企业必须经过强制性的检验，合格且在最小销售单元的食品包装上标注食品生产许可证编号并加印食品质量安全市场准入标志（“QS”标志）后才能出厂销售，没有食品质量安全市场准入标志的，不得出厂销售。

（二）QS 认证对茶叶生产场所和设备的要求

1．对生产场所的要求

（1）生产场所应离垃圾场、畜牧场、医院、粪池 50 米以上，离经常喷施农药的农田 100 米以上，远离排放“三废”的工业企业。

（2）厂房面积应不少于设备占地面积的 8 倍。地面应硬实、平整、光洁（至少为水泥地面），墙面无污垢。加工和包装场地至少在每年生产茶季前清洗 1 次。

（3）应有足够的原料、辅料、半成品和成品仓库或场地。原料、辅料、半成品和成品应分开放置，不得混放。茶叶仓库应清洁、干燥、无异味，不得堆放其他物品。

2．必备的生产设备

（1）绿茶生产必备杀青、揉捻、干燥设备（手工、半手工视生产工艺而定）；

（2）红茶生产必须具备揉切（碎红茶）、揉捻（工夫红茶和小种红茶）、拣梗和干燥设备；

（3）乌龙茶生产必备做青（摇青）、杀青、揉捻（包揉）、干燥设备；

（4）黄茶生产必备杀青和干燥设备；

（5）白茶生产必备干燥设备；

（6）黑茶生产必备杀青、揉捻和干燥设备；

（7）花茶加工必备筛分和干燥设备；

（8）袋泡茶加工必备自动包装设备；

（9）紧压茶加工必备筛分、锅炉、压制、干燥设备；

（10）精制加工（毛茶加工至成品茶或花茶坯）必备筛分、风选、拣梗、干燥设备；

（11）分装企业必备称量、干燥、包装设备。

（三）QS 认证对普洱茶产业的作用

1．实行 QS 认证，有利于规范普洱茶市场，促进普洱茶产业健康发展

近些年来，我国普洱茶市场比较混乱。例如，在各地茶叶市场上，有不少流动商贩、黑窝点，大量生产销售假冒伪劣普洱茶产品，扰乱了普洱茶市场，对正规普洱茶生产厂家和名牌普洱茶生产企业的生产和销售造成了巨大的损害。实施 QS 认证后，那些不具备生产条件或产品不合格的普洱茶生产企业，将被强制实行整改，或不允许其产品上市，或坚决予以取缔，从而建立健全普洱茶市场，促进普洱茶产业健康发展。

2．实行 QS 认证，有利于提高普洱茶加工企业的综合实力

由于历史原因和经济条件的限制，云南省一些普洱茶企业的生产规模小、人员少、高级管理人员缺乏、综合管理能力弱、产品开发和市场开发的技术含量不高，严重影响了茶叶行业自身的发展。不少普洱茶厂家的管理水平低下、质量检测手段落后、产品质量粗劣，有些甚至不具备普洱茶工业生产的基本条件，无任何质量检测设备，却大量生产小包装普洱茶上市。有不少普洱茶经销店，以低价冲击市场，称“自创品牌，活跃市场”。

QS 认证是一个综合的管理体系，它包含了世界上较先进的 ISO 9000 和 HACCP 的核心内容，它不仅要对生产企业的生产原料、生产环境、生产设备、生产工艺、产品质量检测等各个环节进行系统、科学的管理，还要对茶叶企业的管理、人员素质、科技投入等实行严格的认证。

实施 QS 认证，对普洱茶生产企业的生产条件、生产环境、生产设备均有系统、严格的要求，不具备条件的企业不予以认证，没有通过认证的企业生产的普洱茶不得上市销售。促使生产条件较差的企业主动整改，达到认证的要求；自身无能力整改的，可由数家或数十家较小的茶叶生产企业整合成较大的企业，从而提高云南省普洱茶加工企业的综合实力。

（四）QS认证是普洱茶产业发展的必然趋势

茶叶已经被列为第三批QS体系的13类食品之一。茶叶产品实施QS认证管理以后，绝大多数企业都将面临整改。普洱茶产业分工更细，鲜叶生产、初加工、深加工和品牌开发、市场营销等环节由不同的企业分别经营。公司+基地+农户的茶叶生产经营模式将更有效地推动茶叶产业的发展。而那些集鲜叶生产、茶叶初制和精制于一体，自营自销，生产经营规模小而内容不全的小型茶场，可能不再适应新的发展形势。国务院《关于进一步加强食品安全工作的决定》中指出："通过整顿，扶持一批名优企业，关闭一批不具备质量安全条件的食品生产加工企业，严惩一批制售假劣食品的违法犯罪分子。"因此，QS认证给普洱茶产业总体发展带来的影响是积极而深远的，它是普洱茶产业发展的必然趋势。

（五）茶叶QS认证程序

1．准备资料

按照规定要求填写《食品生产许可证申请书》（到所在市、地区质量技术监督部门领取）两份；企业营业执照、食品卫生许可证、企业代码证（复印件）；无须办理代码证书的，提供企业负责人身份证复印件一份，企业生产场所布局图一份，生产企业工艺流程图（标注有关键设备和参数）一份；企业质量管理文件一份。如果产品执行企业标准，还应提供经质量技术监督部门备案的企业产品标准一份，以及申请表中规定应当提供的其他资料。

2．申请

食品生产加工企业按照地域管辖和分级管理的原则，到所在地的市（地）级质量技术监督部门提出办理食品生产许可证的申请，提交申请材料。质监部门在接到企业申请材料后组成审查组，完成对申请书和资料等文件的审查。企业材料符合要求后，发给《食品生产许可证受理通知书》。企业申报材料不符合要求的，企业将在接到质量技术监督部门的通知后补正。

3．审查

企业的书面材料合格后，按照食品生产许可证审查规则，企业要接受审查组对企业必备条件和出厂检验能力的现场审查。现场审查合格的企业，由审查组现场抽封样品。审查组或申请取证企业将样品送达指定的检验机构进行检验。经必备条件审查和发证检验合格且符合发证条件的，地方质量技监部门对审查报告进行审核，确认无误后，统一汇总材料在规定时间内报送国家质检总局。国家质检总局收到省级质量技监部门上报的符合发证条件的企业材料后，审核批准。

4．发证

经国家质检总局审核批准后，省级质量技监部门向符合发证条件的生产企业发放食品生产许可证及其副本。

食品生产许可证的有效期一般不超过5年，不同食品的生产许可证的有效期限在相应的规范文件中规定。在食品生产许可证有效期满前6个月内，企业应向原受理食品生产许可证申请的质量技术监督部门提出换证申请。

食品生产许可证实行年审制度。取得食品生产许可证的企业，应当在证书有效期每满1年前的1个月内向所在地的市（地）级以上质量技术监督部门提出年审申请。

食品生产加工企业在食品原材料、生产工艺、生产设备等生产条件发生重大变化，或者开发生产新种类食品的，应当在变化发生后的3个月内，向原受理食品生产许可证申请的质量技术监督部门提出食品生产许可证变更申请。企业名称发生变化时，应当在变更名称后3个月内向原受理食品生产许可证申请的质量技术监督部门提出食品生产许可证更名申请。《食品生产许可证申请书》封面应当加盖企业公章，复印的印章无效。

四、茶叶加工质量管理

（一）普洱茶加工企业管理

茶叶加工企业要做到地理位置合适，建筑布局合理，要具有完善的共排系统、良好的卫生条件、严格的质量管理体系以保证生产中免受外界污染。绿化、美化厂区内的环境，同时努力营造整洁的外在加工厂房面貌，彻底治理不整洁、混乱的外部环境，使茶厂环境达到内外一致、整洁如新、没有任何污染物。

1．厂区道路

厂区道路采用便于清洁的混泥土、沥青及其他硬质材料铺设，防止积水和扬尘。

2．生产车间

加工车间、包装车间的环境无污染、清洁，远离有毒、有害物质及有异味的场所，所用消毒剂是无污染的天然物品。车间建筑牢固、清洁、空气流通、光线明亮。地面使用不渗水、不吸水、无毒、防滑材料（如耐酸砖、水磨石、混凝土等）铺设，有适当的坡度，地面最低点设置地漏，以保证排水通畅不积水，其他厂房也根据卫生要求进行设置。制茶车间的门窗应安装防尘纱窗，以防止煤灰尘埃飘进车间而污染茶叶；包装车间窗户增设换气扇，使加工包装中的茶叶彻底脱离污染，做到清洁、安全、卫生。

3．生产设备

普洱茶厂加工设备、加工机械设备选用对人体无害的材料，尤其与茶叶在制品直接接触部位，坚决使用食品机械允许用的无污染材料，严禁含有汞、砷、铅、锡、锰、镉等有害重金属，定期进行技术改造和升级。大型杀青机、烘干机的烟囱合并，在主烟囱上安上除烟装置，减少对加工区的污染。对茶厂的废料如茶灰、茶梗等做到及时清理、妥善处理。严格控制加工污染，杜绝使用防腐剂、着色剂、调味剂等化学添加剂。

4．员工

员工上岗前，进行全面的健康检查和岗前培训，合格者才能上岗。生产人员除了正常地注意个人卫生、进行身体检查等外，还要有较强的责任心，在操作过程中避免人为的污染。

（二）质量管理

茶叶加工质量管理中，普洱茶加工与拼配过程是决定茶叶品质的关键环节。茶厂管理按企业法人和加工食品的要求实行登记与管理制度；普洱茶加工按照产品标准化、连续化生产工艺要求，力争做到茶叶加工离地；茶厂质量管理技术健全，产品质量实施全程控制；从业人员掌握茶叶加工工艺与操作技术，懂得茶叶加工卫生质量要求，具备茶叶加工所需的基本素质。生产人员按食品厂加工的要求进行卫生防护，贯彻食品卫生法。在没有条件实行连续化生产时，借鉴其他食品流水加工线的经验。通过中间连接设备研制，实现连续加工。茶叶加工过程中，鲜叶原料的污染、不良环境、机械设备材料污染、生产人员操作不当等都有可能造成在制品的污染。

因此，对于加工过程中的每一个环节、步骤都要严格控制，防止普洱茶加工过程中受到污染，遵循无公害茶再生产的要求。做到节约能源、持续发展、清洁卫生、保持普洱茶本身的营养价值，在加工过程中确保不受任何污染，从而不对人体和环境产生任何污染。

（三）普洱茶加工工艺

产品加工工艺要求科学合理尽量采用先进的技术、工艺、方法，避免加工中交叉污染。产品保鲜，保持茶叶良好的色、香、味。

1．普洱茶原料的加工

茶树鲜叶来自清洁卫生的生产基地，鲜叶的采摘标准、贮运要求都要符合相关标准。保证鲜叶的完整、新鲜、匀净，不夹杂老叶、蒂头等杂物，严禁捋采与抓采。采茶机械使用无铅汽油，防止污染。鲜叶采摘后及时运送入厂，忌紧压、日晒、雨淋，以免导致鲜叶升温变质。重视储运鲜叶的工具与摊放场所，防止鲜叶污染与变质。严格验收制度，不同质量的鲜叶要分别摊放，并有专人管理。为保证普洱茶原料再加工的品质，选料必须严格，级别不同的普洱茶原料，要加工成不同标准级别的普洱茶。在杀青过程中，避免杀青机械及人员的污染。揉捻要按照“轻—重—轻”和“老叶热揉，嫩叶冷揉”的原则，使茶叶的卫生标准达到标准的要求。在茶叶晾晒时，要对晾晒场地进行清洁，并铺设专用的晾晒隔离板，使茶叶能离地面晾晒，以避免毛茶中混入灰尘的污染。加工后的普洱茶原料放在加工厂房专用仓库，按级归堆。在发酵前进行毛筛，减少发酵过程中的结块，以起到捞头、割脚的作用。

2．后发酵（微生物固态发酵）

普洱茶后发酵（微生物固态发酵）是一个微生物及其酶性和非酶性氧化的缓慢过程，是形成普洱茶品质特色的核心。普洱茶后发酵前要在茶叶中加入适量的水以保证发酵的均匀、完全。发酵用水保证洁净无污染，严格保证取水点的环境卫生。在普洱茶原料的固态发酵过程中，掌握好发酵温度、湿度、适时翻堆。每次翻堆后，要在表面喷洒洁净的水，再盖上干净的湿布。翻堆要求翻拌均匀，茶叶无团块。在翻堆过程中，避免工作人员带来的污染。当茶叶显红褐色，茶汤滑口，无强烈苦涩味，汤色红浓、具陈香时，及时开堆摊晾。在固态发酵的整个过程中，茶叶与地面隔离，采用隔离板进行离地发酵，能最大限度地降低茶叶的污染。

3．干燥、筛分与拣剔

可直接利用室内发酵堆通沟进行通风干燥。不断地翻动，从不同方向进行错位通沟循环往复至茶叶的含水量低于 14% 即可以起堆筛分。根据茶叶的加工需要，对各级各号头茶进行拣剔，拣出茶叶的茎、梗、果、花、茶籽及其他夹杂物。拣剔验收合格后才能堆码待拼配。

4．拼配匀堆

根据普洱茶各花色等级筛号的质量要求，将各类半成品茶叶按照一定的比例进行拼和，使不同的茶相互取长补短，显优隐次，调剂品质，提高普洱茶质量，保证产品合格及全年产品质量的相对稳定，并最大限度地实现茶叶的经济价值。

5．重视普洱茶的包装与贮运

普洱茶的包装与贮运符合牢固、整洁、防潮、美观的要求，采用食品级包装材料。包装材料需符合 GB 4806.1-2016《食品安全国家标准 食品接触材料及制品通用安全要求》等系列标准，确保在与普洱茶接触过程中，不会迁移有害物质到茶叶中，保障消费者健康。严格按照国家食品卫生发的要求选择无公害食品的包装材料与标签，所有包装材料与标签不受杀菌剂、防腐剂、熏蒸剂、杀虫剂等化学物品的污染。用水浸泡过的笋叶在包装普洱茶时要保证其清洁度。茶叶包装避免手工操作，避免手直接接触茶叶，选用机械包装。普洱茶贮藏使用安全的贮藏方法及容器。避免使用不能保证茶叶成品品质的贮藏方法及容器。采用干仓贮藏，保证仓库环境清洁、无霉味。仓库在存放茶叶产品前进行严格的清扫和灭菌消毒，周围环境清洁卫生。按照入库先后、生产日期、批号分别存放，禁止将不同生产日期的产品混放在一起。定期对贮藏库材料采用干燥、低温、密闭与通风、紫外线等方法消毒。禁止使用人工合成的化学物品及有潜在危害的物品。工作人员遵守卫生操作规定。贮藏仓库与相应的装卸、搬运设施相配套，防止茶叶在搬运的过程中受到挤压和污染。建立严格的仓库管理记录档案，详细记载进入、搬出茶叶的种类、数量和时间。有关机具、贮器的重金属材料、合金材料，常含有镉、铅等成分，对茶叶可能造成污染，因此要注意。总之，普洱茶运输前进行严格的检查，确保普洱茶的品质不发生变化。

普洱茶加工管理涵盖产前、产中、产后的过程。只有抓住了茶叶的产地环境、生产过程、贮运流通等关键环节，优化和营造良好的普洱茶加工内外环境，集成和组装精细的加工技术，从而形成普洱茶安全生产的标准化、制度化，生产出来的产品才能达到清洁、安全、卫生、营养的高标准要求。

21 世纪，普洱茶生产的根本出路在于清洁化、连续化。普洱茶生产企业应按照“食品质量安全市场准入制度”要求，分阶段、分步骤全面整改，根据原国家质检总局出台的茶叶 QS 认证要求，积极实施《茶食品生产许可证制度》，推广成套普洱茶加工机械，推广清洁化能源、机械，改善加工环境，才能保证并提高普洱茶的卫生安全质量水平，实现普洱茶产业的可持续发展。

第五章　普洱茶加工制品

第一节　普洱茶制品

普洱茶，这一深受人们喜爱的茶类，根据其外观形态，主要可以划分为普洱茶（熟茶）散茶和普洱茶（生茶、熟茶）紧压茶两大类别。

一、普洱茶散茶

普洱茶（熟茶）散茶，指的是一种特定工艺下的茶类。这种茶，源自符合普洱茶特定产地环境条件的云南大叶种晒青茶，以其为原料，经过精心的后发酵（也称为渥堆）工艺加工而成。这种独特的加工工艺，使得普洱茶（熟茶）散茶独具风味，备受茶友们的喜爱。

为了更好地品鉴和区分普洱茶（熟茶）散茶的品质，人们制定了详细的等级划分标准。根据国家标准 GB/T 22111—2008，普洱茶（熟茶）散茶被细致地划分为特级以及从一级到十级的共 11 个等级。这种等级划分的方法，主要是基于茶叶的嫩度进行的，也就是说，茶叶的嫩度越高，其等级也就越高。这种等级制度，不仅为茶友们提供了品鉴普洱茶的参考，也体现了普洱茶文化的独特魅力。

普洱茶（熟茶）散茶的每一级别都有其独特的风味和口感，无论是初学者的入门选择，还是资深茶友的品鉴之选，都能在这 11 个等级中找到满足自己口味的那一款。因此，普洱茶（熟茶）散茶不仅是一种茶饮，更是一种生活的艺术，一种文化的传承。

普洱茶（熟茶）散茶之所以独特，源于其经过晒青毛茶的阶段后，进一步经历了微生物的固态发酵过程。在这一复杂的转化中，茶叶内部的成分发生了深刻的变化。通过湿热的条件、微生物与酶的协同作用，茶叶中诞生了许多全新的成分，这些成分共同塑造了普洱茶（熟茶）散茶独有的品质特征。这一过程不仅是对原料的精湛处理，更是对普洱茶文化的深入传承与展现。每一片经过这样精心制作的茶叶，都蕴含着大自然的馈赠和匠人的智慧，为茶友们带来了别具一格的品饮体验。

二、普洱茶紧压茶

普洱茶紧压茶，这一茶类可细分为生茶与熟茶两大类别。在形态上，普洱茶紧压茶展现了多样化的特点，包括圆饼形、碗臼形、方形、柱形等各种独特的形状和规格。其主要的品质特征表现为：形状匀整且端正，无论是哪一个角度，都呈现出棱角整齐、不缺边少角的美感；模纹清晰可见，宛如精心雕刻的艺术品；洒面均匀一致，包心部分则恰到好处地隐藏其中，不显露于外；茶饼的厚薄度保持一致，既不过紧也不过松，达到了松紧适中的理想状态。

在普洱茶的压制工艺上，可以将其分为两大流派，即传统压制与现代压制。传统压制方法采用的是将散茶蒸软后，放置于特制的磨具中，再利用石磨进行手工压制。这种方式虽然费时费力，却能够确保茶饼形状的圆润与松紧的适度，充分展现了匠人的技艺与心血。相比之下，现代压制方式则更多地依赖于机械化设备来进行压制。这种方式具有效率高、饼形规整的优点，但控制不当的话，容易使茶饼压制得过紧，导致撬开困难。

为了兼顾效率与品质，许多普洱茶厂在实际生产中会采用一种结合两者优点的压制方式，即先利用机械设备进行初步的压制，以确保茶饼的基本形状和紧密度；然后利用石磨进行精细的压制定型，使茶饼在保持规整的同时，也能拥有圆润自然的外观。但无论采用何种压制设施，压力都是影响茶饼品质的关键因素，压力不足会导致茶饼形状不完整、易松散掉边，压力过大或压制时间过长，则会使茶饼变得过于紧实，形成所谓的“铁质”紧茶，这不仅给饮用和取茶带来不便，还会影响茶叶在储存过程中的后期转化。因此，在普洱茶的压制过程中，掌握适当的压力是至关重要的。

普洱茶的紧压茶主要有以下几种。

（一）普洱沱茶

普洱沱茶作为一种独特的茶制品，其外形特征为倒置碗状，内部呈现凹陷的碗窝状结构，如图 5-1 所示。沱茶作为云南地区历史悠久的茶品，其根源可以追溯至明朝万历年间，明代文献《滇略》中有记载表明，当时社会上无论士人还是庶民所消费的茶产品，主要是经过蒸汽处理后再紧压成团的普茶。这一描述揭示了早在数百年之前即存在将散茶叶通过蒸制工艺揉合压实制作成团茶的传统。

图 5-1　普洱沱茶

如今所见的现代沱茶形态，是在清朝光绪二十八年（1902 年）时正式创制出来的，它的前身是源于现今普洱市景谷县的一种名为“姑娘茶”的茶品。随着演变与发展，“姑娘茶”最终被塑造成今天我们所熟知的碗状沱茶，并因其起源地而有时也被称为“谷茶”。

普洱沱茶同样有生、熟之分，即普洱生沱茶和普洱熟沱茶。其中，下关茶厂所生产的普洱沱茶尤为著名。它以普洱、临沧等普洱茶产区的大叶种晒青毛茶为原材料，经过精细加工而成。其外观整齐划一，形态宛如碗状，芽叶饱满肥硕，品质卓越。

（二）普洱砖茶

普洱砖茶的特点在于其形状多为长方形或正方形，如图 5-2 所示。重量范围广泛，小的仅 3 克，大的可达 7.7 吨，但常见的规格以 250 克和 1000 克为主。这种砖茶的制作方式主要是为了便于运输和储存。在市场上，具有代表性的普洱砖茶产品包括 92 方砖、7581 普洱砖茶以及金砖等。

图 5-2　普洱砖茶

普洱砖茶的辉煌历史始于清朝初期。1793 年，乾隆皇帝曾将 28 块普洱砖茶作为礼物赠送给英国使者团，这充分展示了其在当时的珍贵地位。据史书记载，清道光年间，思茅地区的一些茶号开始将各种品质的毛茶精心拼配，压制成砖茶，这些砖茶专门供应给西藏地区，深受当地人民的喜爱。

（三）七子饼茶

七子饼茶又称“圆饼”，形似圆月，如图 5-3 所示，其源于宋代的“龙凤团茶”，经过演变，在民国初期开始在云南生产，主要供外销。1957 年，勐海茶厂也开始生产这种茶。七子饼茶是由普洱茶蒸压成型的，其直径为 20 厘米，中心部分的厚度为 2.5 厘米，边缘的厚度为 1.3 厘米，每个饼茶净重 357 克，茶通常以七个为一筒进行包装，一筒的总重为 2.5 千克。此外，还有一种被称为“青饼”的七子饼茶，它是由 3 ～ 8 级的青毛茶配制并经过蒸压塑形而成。这种青饼主要由云南省下关茶厂生产，并主要销往我国港澳地区以及东南亚地区。

图 5-3　七子饼茶

（四）金瓜贡茶（人头贡茶）

自古以来，金瓜贡茶因其独特的制作工艺而备受尊崇，此茶被精心压制为不同尺寸的半瓜形状，重量范围从几十克直至数千克，如图 5-4 所示。普洱金瓜贡茶堪称现存陈年普洱茶系列中的瑰宝，在我国港澳台地区的茶业界享有极高声誉，被誉为“普洱茶太上皇”。

图 5-4　金瓜贡茶

此款茶的历史可追溯至清雍正年间，当时的官员精选来自西双版纳的一级优质芽茶原料，将其精制为团茶、散茶及茶膏形态，以呈献给王宫贵族。这些特选芽茶在经过长时间的存储陈化后，其色泽逐渐转为迷人的金黄色，因此，这种特别制作并用于进贡的人头团茶也有“金瓜贡茶”或“金瓜人头贡茶”的美誉。

（五）柱茶

柱茶就是茶通过压缩工艺被塑造为各种尺寸的柱体，如图 5-5 所示。小则类似竹筒的尺寸且重量各异，大则可达到几十千克乃至数百千克的规模，甚至有史书记载的最大茶柱重达令人惊叹的 20.8 吨。在众多柱形茶品种中，最具盛名与独特风格的当属千两茶。千两茶之所以得名，是因为其原始计量方式参照了古代的 1 000 两标准（按古时十六两为 0.5 千克计算，1 000 两约等于现代的 32 千克）。

图 5-5　柱茶

随着消费文化的日益多元化，柱状茶的功能也得到了进一步的拓展和创新。大型的柱形茶被放置在宽敞的大堂中央，不仅成了一种独特的装饰，更展现了主人的品味与喜好。而小巧的柱形茶则被巧妙地藏于竹筒之内，竹的清香与茶的芬芳相互交织，形成了一种独特的氛围。这种将竹的高洁与茶的韵味完美融合的呈现方式，不仅展示了别样的云南风情，也让人们在品茗的同时，感受到了更深厚的文化底蕴。

（六）工艺茶

1. 普洱茶工艺茶特征

普洱茶工艺茶，是以晒青毛茶或普洱茶（熟茶）散茶为原料，经过精心压制而成的优质茶工艺品。它可以被压制成平面、立体等各种独特形态，不仅具有饮用价值，更融合了观赏与收藏的双重价值。无论是品茗还是欣赏，普洱茶工艺茶都能带给人别样的文化体验。

2. 普洱茶工艺茶的类型

（1）工艺饼茶。普洱工艺饼茶中，有许多款式在表面上刻印着寓意吉祥的文字，诸如“福”“禄”“寿”“喜”等传统祝福语，还有诸如“龙凤呈祥”象征和谐美满、“马到成功”寓含成功祝愿、“招财进宝”表达财富愿望、“镇宅之宝”寄托安定繁荣的意蕴，如图 5-6 所示。此外，亦不乏专门用于婚庆场合的纪念性茶饼，或是设计成铜钱形状的独特圆茶饼等。

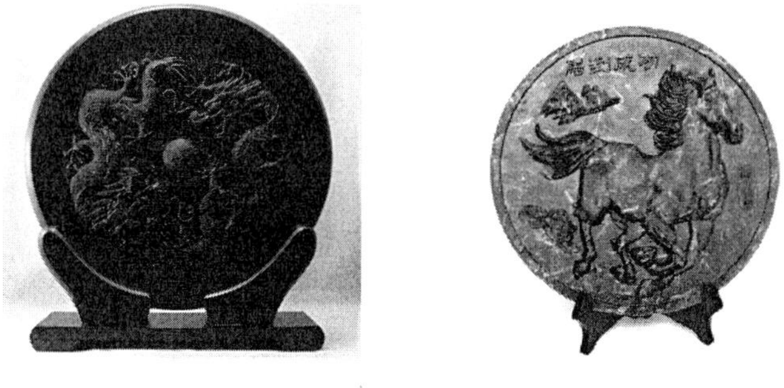

图 5-6 工艺饼茶“马到成功”

还有许多普洱工艺饼茶采用生动形象的图案装饰，如细腻描绘的十二生肖系列、展现历史悠久贸易通道风貌的“茶马古道”主题系列、富有动感的“奔马图”图案系列、表现茶文化根源的“古茶树”图案系列，以及纪念中国古代航海壮举——“郑和下西洋”的主题系列茶饼等。值得注意的是，这类带有文字或图案的普洱工艺茶饼在尺寸规格方面并无统一的标准限定，其直径、厚度以及重量均依据各自的设计和创意自由定制。

（2）工艺砖茶。这一独特的艺术形式，在其表面融入了丰富多彩的图画、诗文以及各式造型。有的砖茶上绘制了细腻的图画，有的则书写了深意的诗文，更有的以十二生肖为造型，或者满载着祝福的话语，其形式之多样，实在难以尽述。普洱工艺砖茶主要以工艺茶匾的形式呈现在世人面前。这些茶匾的图案设计常常融入了吉祥物、民间艺术、人物描绘、书法艺术以及绘画艺术等多重元素，再经过特殊工艺的压制，使得图案与茶砖完美融合。常见的图案有富含深意的“百寿图”，有奔腾激昂的“八骏图”，有神秘而富贵的“双龙戏珠”，还有“九龙壁”“双狮献宝”“福禄寿喜”等，每一个图案都寄托了人们的美好愿望和期待。

（3）工艺柱茶。主要为盘龙图案设计，如图 5-7 所示。规格大小灵活多变，可分为圆柱形和方柱形两大类。这类工艺柱茶通常会被放置在大厅或标志性的建筑旁，作为一种独特的装饰。

图 5-7　普洱工艺柱茶

（4）工艺特形茶。工艺特形茶是一个丰富多彩的大家庭，包含了艺术形态与创意设计。这一大家庭中包括了将对联艺术与茶叶相结合的对联工艺茶，融汇屏风美学特点的屏风工艺茶，借鉴古钱币造型元素的古钱币工艺茶，以及颇具趣味与文化底蕴的象棋工艺茶，如图 5-8 所示。除此之外，一体化的精制茶具工艺茶更是将茶壶、茶杯、茶船三者巧妙融合，打造出集实用与审美于一体的工艺品。

图 5-8 象棋工艺茶

除上述工艺茶外，茶雕工艺茶以其精致细腻的雕刻技艺展现了独特的艺术魅力，工艺礼品茶则成了馈赠亲友的高雅选择。有的工艺茶被制作成便于悬挂的装饰，还有一些则是专为展示和陈设打造的各类形象各异的工艺茶品。部分工艺茶还搭配了中国传统吉祥象征的中国结。这些多元化的工艺特形茶形成了普洱工艺茶世界中一道亮丽的风景线。总之，普洱茶工艺茶不胜枚举，美不胜收。这类茶因选料精细、工艺考究、茶中有寓意以及数量稀少而备受关注。

三、普洱茶茶膏

普洱茶茶膏是一种独特的固态速溶茶，它是通过特定工艺将普洱茶（包括云南大叶种晒青毛茶、生茶或熟茶）中的固态纤维物质与茶汤分离开来，再对茶汤进行深度加工而制成的。这种茶膏仅为中国所产，堪称全球首款“速溶茶”。在云南的普洱“八色贡茶”历史中，普洱茶茶膏占据一席之地，它曾是清朝皇室的御用贡品。尽管其初步形态可以追溯到唐代，但制膏技术在随后的几个世纪中失传。随着清朝时期云南普洱茶的盛行，茶膏的制作技艺也得以重现。

（一）唐代

1. 唐代茶膏总体概况

据清代学者吴任臣所著《十国春秋》记载，在唐代以前的南唐闽康宗通文二年（937 年），茶膏作为一种珍稀贡品首次亮相。当时，进献给皇室的“建州茶膏”，采取特殊的工艺制作，添加了异香成分，并以金缕进行包裹固形，这款茶膏被命名为“耐重儿”，共计八枚。文中明确提到了“茶膏”这一名称，且描述其外部装饰有金丝芽纹，显得异常华贵。由于其产量极其有限，仅有八枚，更显其珍贵稀罕，可谓茶中之翘楚。

2. 唐代茶膏加工工艺

通过分析陆羽所著《茶经》及其所反映的唐代制茶技术，可以推断茶膏的产生与唐代盛行的蒸青制饼茶工艺紧密相关。在唐代，蒸青后紧压成饼的制茶流程得到了显著提升和完善，进而成为唐代乃至后续宋代茶叶加工的主要方法。陆羽在其著作《茶经》中详述的“蒸热、捣碎、拍压”这三大步骤，在实际操作过程中容易促使茶叶内部的部分汁液与纤维质脱离，这部分溢出的茶汁在接触空气氧化之后，自然形成了所谓的“膏化”现象。

3. 唐代茶膏产品及品质特点

在陆羽所著的《茶经》中，“膏”这一概念被多次论及，诸如“畏流其膏”“出膏者光”“含膏者皱”等表述均有所体现。然而，无论是陆羽所描述的唐代制茶法中的“膏”，还是后来出现在民间贡品中的“茶膏”，它们都还停留在“含膏”的层面，并未完全脱离茶叶的初始形态。这些所谓的“茶膏”实际上只是附着在茶饼表面的含膏物质，与真正意义上的、经过深度加工和形态转变的“茶膏”相比，还存在明显的差距。

（二）宋代

1. 宋代茶膏总体概况

在宋代，茶膏被正式确立为一种独立的茶品，并被纳入当时的茶品名录中。这一重要的事实，可以从北宋陶谷（公元 907—960 年）所撰写的《茗荈录》中得到印证，该书明确地将茶膏列为一种独特的茶品。这标志着茶膏作为一种独立产品的正式存在，并在当时社会得到了广泛的认可。同时，宋代盛行的“斗茶”“吃茶”以及“茶会”等茶文化活动，推动了茶膏的发展和普及。

2. 宋代茶膏加工工艺

在宋代，制茶工匠们视茶中的“膏”为难得的珍品，他们采用精密的榨取技术，首先将茶叶蒸煮熟，其次通过多次洗涤过滤，再次在小型榨机中去除水分，最后在大型榨机中榨取出富含精华的茶膏。蔡襄在其撰写的《茶录》中对此工艺进行了详细记述，指出饼茶在制作时，通常会在表面涂覆一层珍贵的茶膏，因而呈现出青、黄、紫、黑等多种色泽差异，这里的“珍膏”即指提炼出的茶膏。这种茶膏凝聚了茶叶的精华，是对茶叶有效成分的高度萃取与浓缩的产物。在制作饼茶时，它不仅增强了饼茶表面的光泽度和色彩层次，而且相较于唐代含膏于茶饼内部的工艺而言，有了显著的技术进步。

明代，朱元璋皇帝下令废除了制作龙团凤饼的传统，推行全面改制为“散形茶”。这一重大变革导致了包括茶膏在内的唐宋时期的精细制茶工艺逐渐消失，不再传承。

3. 宋代茶膏产品及品质特点

宋徽宗在位期间（公元1101年—1125年），对“珍膏油其面”则更为重视，把“膏”的质量好坏作为鉴茶标准。其撰写的《大观茶论》中指出：“茶之范度不同，如人之有面首也。膏稀者，其肤蹙以文：膏稠者，其理敛以实”。显然，宋代好茶以膏植者为代表。

（三）清代

1. 清代茶膏总体概况

在清代初期，雍正皇帝将大锅熬制的茶膏纳入皇宫作为贡品。朝廷进贡的茶品中，普洱茶膏是弥足珍贵的一类。当时的茶膏使用银匣、锦缎匣盛装。相比普洱茶进贡的数量，普洱茶膏进贡的数量极为有限，足见其珍贵。

2. 清代茶膏加工工艺

茶膏最初由云南土司采取大锅熬制方法，初创制膏工艺。该方法借鉴唐宋制作饼茶工艺，将“蒸”改为“煮”。但是大锅熬制品质不稳定，就由清皇室御茶房自行炼制普洱茶膏，加入了珍贵的药材配伍，与大锅熬制的差别很大。当时清宫御茶房的制茶工匠们采取了一套低温提取、低温干燥的工艺，使其生产出的“普洱茶膏”跃上了新的台阶，“普洱茶膏”也由此正式定名。因该茶膏为皇家茶膏，所以也被称作“宫廷茶膏”，其作为茶叶的深加工产品，是茶叶所含有益物质的高度浓缩。因“宫廷茶膏”为清朝宫廷皇室御用，对原料较为挑剔，制作工艺复杂，出品率低，为稀缺珍贵之物，一直在宫廷沿袭，市场几无流通。最终令茶膏身价倍增，成为代表特定阶层的奢侈品。

3. 清代茶膏产品及品质特征

清代药学家赵学敏（约1719—1805年）于1765年在他所著的《本草纲目拾遗》一书中，特别收录了“普洱茶膏”。他描述道：“普洱茶膏色泽深邃如漆，其解酒效果尤为出众，而绿色的茶膏品质更佳。此外，它还具有显著的消食化痰、促进胃液分泌的功效，其药用价值不可小觑。”

（四）现代

1. 现代茶膏总体概况

普洱茶膏承载了源自云南特有的乔木大叶种茶叶所蕴含的普洱茶核心营养价值，且由于其浓缩形式，保健功效更为集中。其小巧轻便、易于携带的特点，加上简单的冲泡步骤，只需加水即可迅速溶解，茶杯内无残留，浓度调控灵活便捷，确保了饮用时的卫生与高效。口感方面，普洱茶膏呈现出醇厚温润的质地，多层次的风味体验引人入胜。

尽管茶膏制作工艺在中国曾经历过一段时间的断层，但其重要的传统制作技艺仍然得以留存。随着科学技术的进步，现代茶膏制作技术已实现了对古老工艺的革新和发展。当今的制作流程巧妙地运用了茶叶中芳香物质和活性成分在特定温度条件下才能充分挥发和释放的原理，力求在溶解茶叶原有物质并浓缩成膏的过程中，严格控制温度，防止因温度过高而导致香气丧失和活性成分受损，同时也避免了温度过低而无法充分提取有效成分的问题。因此，现代工艺制作的茶膏不仅香气浓郁饱满，而且经过适当的陈化后，其口感与滋味的表现更趋卓越。

2. 现代茶膏加工工艺

传统的制作方法是大锅熬制，基本工艺流程为：大锅熬煮原料→细布袋过滤茶渣→大锅复煮茶汤→剔除浅黄色漂浮物→中型锅煎熬→小型锅煎熬→盛入成型模具成型→储膏器盛装→包装。

现代普洱茶膏的制作过程融入了当今尖端的生物科技手段。借助冷冻静压、细胞破壁技术、超临界流体萃取、冷冻干燥以及真空回流干燥等一系列高新技术，现代普洱茶膏的生产流程更为科学简便，同时也更符合卫生标准。这些先进技术的应用，不仅极大地提升了生产效率，也确保了最终产品的品质稳定和优异。

现代普洱茶膏的主要加工制作工艺流程可总结为：原料选择及处理→浸提→净化（过滤、沉淀）→浓缩→干燥→定型→包装→成品。

3. 现代茶膏产品及品质特征

在现代科技的助力下，普洱茶膏的制作工艺已经在传统基础上实现了显著的提升。通过运用浓缩、萃取、干燥等先进技术，现代普洱茶膏（图 5-9）

的制作过程更加精细和高效。特别是低温或超低温萃取技术的运用，使得普洱茶膏的品质达到了新的高度。这种技术能够在较低温度下提取茶叶中的有效成分，最大限度地保留茶叶的香气、色泽和活性成分，同时避免高温对这些成分的破坏。现代普洱茶膏不仅是对普洱茶深加工产品的一次再研发和再生产，更是对普洱茶优质成分的精炼和提升。其养生功效显著增强，口感醇厚顺滑，茶多酚含量更是高达60%，为消费者带来了全新的茶饮体验。

图 5-9　现代普洱茶膏

四、普洱茶茶粉

（一）普洱茶茶粉概述

普洱茶茶粉是以普洱生茶、熟茶等为基本素材，通过一系列复杂的深加工程序而制成的一种粉末状固体饮品，也被广泛称为速溶普洱茶产品。其生产工艺涵盖了浸泡、萃取、精细研磨粉碎等多个环节，甚至采用物理萃取技术和喷雾干燥等先进技术手段。此类茶粉制品在加工过程中，致力于最大限度地保存茶叶原有的天然营养素及药理活性成分，并且在生产时不添加任何化学添加剂。消费者使用时，仅需快速溶解，即可享用，因其体积小、重量轻且便于携带，使得普洱茶茶粉成为一款随身即饮的理想茶品。

（二）普洱茶茶粉加工工艺

普洱茶茶粉加工工艺流程为：普洱茶→粉碎→（水、醇或酶解）浸提→过滤去渣→冷却静置→减压浓缩→干燥→成品。

在传统的浸提方法中，首先使用醇提技术从茶叶中提取醇溶性成分，随后再用水提取其中的水溶性成分，这种方法可以显著提高产品得率。后来有研究尝试采用复合纤维素酶、果胶酶和蛋白酶以 1 ∶ 1 ∶ 1 的比例进行酶解法提取，发现这种工艺能进一步提高产品得率，并且能更好地保留原普洱茶的品质和风味。

干燥作为普洱茶茶粉加工的最后一道工序，对最终产品的品质具有决定性作用。通过优化干燥工序的各项参数，不仅可以降低生产成本、提高生产效率，还能改善速溶茶粉的部分品质问题以及颗粒特性，从而提升速溶茶粉在包装和储运方面的便利性。

尽管冷冻干燥能更好地保留速溶茶的香味物质和有效成分，但由于其投入大、能耗高、成本高昂，并且目前的生产效率也不及喷雾干燥，因此在实际生产过程中，大多数厂家仍然倾向于选择喷雾干燥方法。

对于普洱茶茶粉的工业生产，应根据不同产品的特性探索最佳的干燥工艺参数，以实现高效、节能的高质量生产。

（三）普洱茶茶粉产品

如今，市场上普洱茶茶粉产品的种类日益丰富多样，依据所采用普洱茶原料的发酵程度差异，主要分为基于生普洱茶叶制作的普洱生茶粉，以及源于熟普洱茶叶加工而成的普洱熟茶粉两类。而按照其香气特点的不同，还可细分为清香型和糯香型两种风格迥异的普洱茶茶粉。此外，为了满足多元化的消费需求，有厂商将普洱茶茶粉与菊花巧妙结合，研发出了菊花普洱茶茶茶粉这一新品类，这其中又可根据基础茶叶是否经过发酵处理，进一步细分为菊普生茶茶粉和菊普熟茶茶粉。

第二节　常见的普洱茶加工制品

一、普洱茶饮料

普洱茶饮料是通过热水提取普洱茶中的可溶性有效成分，然后经过调整口味、膜过滤技术以及超高温杀菌等加工步骤，最终灌装封装而成的创新型饮品。此类饮料不仅完美保留了普洱茶的独特口感，而且还具备丰富的营养价值、保健功效及一定的医疗效果。在生产过程中，普洱茶饮料往往不会大量添加调味剂，或者完全不添加人工调味成分，从而确保了其安全性与多重功能属性，深受广大消费者的喜爱与推崇。

（一）普洱茶饮料的分类及特点

遵循《茶饮料》（GB/T 21733—2008）的标准，茶饮料因产品风味差异被细分为茶饮料（茶汤）、调味茶饮料、复（混）合茶饮料以及茶浓缩液四大类。相应地，普洱茶饮料也涵盖这四种类型，它们分别是纯普洱茶饮料、调味普洱茶饮料、复合普洱茶饮料和普洱茶浓缩液。

1．纯普洱茶饮料

纯普洱茶饮料作为普洱茶汤饮料的一种，具备低热量、低脂肪、低糖的健康特点，同时富含维生素和矿物质，完全不含化学合成成分。它既能消暑保健，又带有甜美的果味和浓郁的茶香，但其汤色稍显暗淡。

2．调味普洱茶饮料

调味普洱茶饮料是通过用水浸泡普洱茶叶，再经过抽提、过滤、澄清等多重工艺制得的茶汤。在此基础上，可以添加果汁（或食用果味香精）、乳（或乳制品）、二氧化碳、食糖和（或）甜味剂、食用酸味剂、香精等成分，调制出丰富多样的液体饮料。这类饮料不仅保留了普洱茶的独特风味，还富含茶多酚、咖啡因等功能性成分，因此具有较高的营养和保健价值。调味普洱茶饮料的种类繁多，包括果汁茶饮料、果味茶饮料、奶茶饮料、奶味茶饮料、碳酸茶饮料等。

3．复合普洱茶饮料

复合普洱茶饮料是以普洱茶茶叶和植（谷）物的水提取液或其浓缩液、干燥粉为主要原料加工而成，具有茶与植（谷）物混合风味的液体饮料。根据《茶饮料》（GB/T 21733—2008）的规定，复合茶饮料中的茶多酚含量应不低于 150 毫克 / 千克，咖啡因含量应不低于 325 毫克 / 千克。这种饮料融合了普洱茶和其他植（谷）物的精华，呈现出独特而丰富的口感和营养价值。

4．普洱茶浓缩液

普洱茶浓缩液是通过以成品普洱茶作为原料，经过浸取、净化、浓缩、灌装以及灭菌等多重工序精心制得的茶原汁。在茶饮料的生产流程中，它主要作为原浆或主剂被广泛应用，是茶叶深加工领域的新颖产品。值得一提的是，普洱茶浓缩液在低温条件下保存长达六个月后，用它配制的茶饮料依旧能保持清澈透明，不会出现浑浊沉淀的现象，而且普洱茶独特的香气和口感也能得到完整的保留。

（二）普洱茶饮料面临的重要调整

1. 品质劣化

在普洱茶饮料的生产流程中，灭菌是一个至关重要的环节，其主要目的是达到商业无菌标准，从而有效地消除有害菌和其他微生物。然而，高温灭菌过程往往伴随着一些不良后果，如香味的损失、熟汤味的产生、色泽的加深和变暗等，这些因素都会对茶水的整体品质产生负面影响。为了缓解这一问题，我们不仅需要精确控制灭菌的温度和时间，以确保在达到灭菌效果的同时最小化品质劣化，还可以考虑采用膜过滤技术进行无菌过滤和包装，从而进一步保障产品的品质和安全性。

2. 品质不稳定

普洱茶饮料的品质稳定性是消费者和生产者共同关注的焦点。然而，由于不同批次使用的原料可能来自不同的品种、地区和季节，茶叶的内在品质存在较大的差异。这种差异可能会导致茶水在色、香、味等方面的不稳定，从而影响消费者的饮用体验。为了解决这一问题，我们可以采用拼配的方法，通过合理搭配不同来源的茶叶，以确保茶水的品质稳定。同时，我们还可以将茶褐素、茶红素、茶多酚等物质的含量作为稳定指标，通过定期检测和调整，以进一步保障产品的品质稳定性。

3. 储存过程中的沉淀问题

普洱茶饮料在长时间的储存过程中，往往会产生大量的沉淀物，这不仅影响了产品的外观和口感，还可能对消费者的健康构成潜在威胁。目前的研究认为，这些沉淀物主要是由茶褐素、茶红素与咖啡因等物质络合形成的螯合物。当这些螯合物遇到可溶性的蛋白质、果胶、多糖类物质时，会进一步聚合形成更大分子的物质，从而导致沉淀的产生。为了解决这一问题，我们可以采用超滤技术去除大分子物质，或者使用单宁酶法转溶来降低沉淀物的生成。此外，低温沉淀、梯度离心以及浓度稀释等方法也可以在一定程度上缓解沉淀问题。然而，这些方法的应用效果和适用性可能因产品的具体情况和储存条件而异，因此在实际生产过程中需要根据具体情况进行选择和调整。

二、普洱茶日化用品

（一）普洱茶日化用品定义及现状

1. 普洱茶日化用品概念阐述

普洱茶日化用品，顾名思义，是以普洱茶作为主要原料，经过深入研究，科学应用其抗氧化、消炎、杀菌、表面活性、保湿美白等生理活性成分，经过精心配伍和现代化的加工技术制作而成的一系列日化用品。这类产品巧妙地将普洱茶的有益活性成分与日常护理保健相结合，开发出众多含有普洱茶活性成分的、对生活有极大助益的日化用品。在茶叶的多样化加工过程中，普洱茶日化用品的研发无疑属于茶叶深加工的范畴，这一创新性的研发和应用不仅丰富了普洱茶的产品形态，更有效地拓展了普洱茶深加工的产业链。

2. 普洱茶日化用品市场现状

茶叶作为一种天然的健康饮品，不仅营养丰富，而且含有大量的茶多酚、有机酸、生物碱及芳香物质等有效成分，这些成分赋予茶叶以保健、杀菌消毒、去污除臭以及护肤美容等多种功能。正因为如此，以普洱茶为原料的日化用品在海外市场受到了广大消费者的热烈追捧，普洱茶日化用品的生产和销售呈现出逐年增长的趋势，已然成为市场上的热门品类。这一市场现象不仅反映了消费者对普洱茶日化用品的认可和喜爱，也为普洱茶产业的多元化发展提供了新的契机和动力。

（二）普洱茶日化用品类型的多样化应用

1. 作为天然空气清新剂

普洱茶因其独特的吸附能力，能够高效去除如氨气、硫化氢等令人不悦的臭气物质，从而成了一种理想的天然空气清新剂。无论是在新装修的房屋中驱散难闻的油漆味，还是在冰箱内消除食物的异味，或是在其他任何需要改善空气质量的场所，普洱茶都能发挥其净化空气的功效，且使用安全无忧。

2. 作为多色食品与化妆品着色剂

通过不同的提取方法，普洱茶可以产出绿色、红色、棕色、黄色、褐色等多种天然色素。这些色素不仅被广泛用于食品糖果的着色，增添产品的自然色泽，同时也在化妆品领域大放异彩。在口红、染发剂等产品的生产中，普洱茶色素以其天然、安全的特性，受到了众多消费者的青睐。

3．作为高效防晒剂成分

普洱茶中的茶多酚具有卓越的抗辐射和防晒作用。它们能够消耗由紫外线辐射产生的大量自由基，从而有效保护生物大分子免受损伤，延缓皮肤的光老化过程。值得一提的是，茶多酚对波长在 200 ～ 300 纳米的紫外线具有强吸收能力，这一特性使其成为防晒产品中的理想成分。此外，茶多酚还能抑制黑素细胞的活化，减缓脂质氧化，以及抑制色素的产生，从而有效防止或减轻雀斑、褐斑、皮肤黑化和老年斑等症状。在许多防晒霜中，通过加入茶多酚，不仅可以减少其他防晒成分如 a- 羟酸的用量，还能进一步提升产品的防晒功效。

4．作为抗菌消炎添加剂

茶多酚是普洱茶中的另一重要成分，具有显著的抗菌消炎作用。它对皮炎和蚊虫叮咬等皮肤问题具有一定的疗效。茶多酚的抗菌机制主要包括特异性的凝固细菌蛋白、破坏细菌细胞膜结构以及与菌体 DNA 结合等，从而改变细菌生理状态并抑制其生长。中国农业科学院茶叶研究所成功研制出一种添加茶多酚的花露水，经过浙江医院皮肤科的临床试用验证，其对丘疹性荨麻疹的总显效率高达 91%，止痒效果也达到了 10%，展现出了极高的推广价值。

5．其他创新型普洱茶日化产品

除了上述应用外，普洱茶在日化领域还有许多其他创新型的应用。目前已经成功研制出含茶多酚的漱口剂、对皮肤温和的除味防臭剂、含茶提取物的空气防臭剂，以及含茶的牙膏、肥皂等日用产品。此外，普洱茶的有效成分还被广泛应用于家禽、宠物的饲料以及除臭宠物睡垫等用品中，为宠物和家禽的健康提供了天然的保障。

三、普洱茶茶食

（一）普洱茶美食概述

1．茶食的演变与进步

茶的利用历史深远，最初是从人们直接咀嚼茶叶开始的。“茶食”这一概念，最早可见于《大金国志·婚姻》中的描述："婿纳币，皆先期拜门，亲属偕行，以酒馔往……次进蜜糕，人各一盘，曰茶食。"在这里，茶食指的主要是糕点与糖果类的食品。但在茶学研究的领域里，茶食的定义更为广泛，它通常指的是将茶叶掺入各种食物中，再经过精细加工制作而成的糕点、糖果、点心以及菜肴等多样化的食品。

如今，在茶餐饮、茶艺馆等各类饮食服务行业中，茶食的内涵已经得到了极大的丰富和拓展。众多食品都开始融入茶的元素，使茶的香气和味道得以在各种食物中展现。在品味香浓的茶汤时，若能佐以精心制作的茶食点心，不仅可以增添品茶的乐趣，还能使两者相互映衬，达到一种完美的和谐。

将茶与美食相结合，并不是一时的创意或冲动，而是有着深厚的历史渊源。实际上，自古以来，中国就有将茶入馔的传统和"茶食"的说法。茶食的形成与发展，可以视为古代吃茶法的一种自然延伸和创新拓展。其历史之久远，发展之丰富，大致可以划分为四个阶段，每一个阶段都见证了茶食文化的不断进步以及人们对茶与食物结合之美的不断探索。

（1）秦汉时期——茶食品的初步萌芽。尽管"茶食"这一词汇首次出现于金代的文献之中，但茶可以食用的历史实则要早得多。药食同源，这一理念为茶食的发展揭开了序幕。茶的食用，可以视为其药用功能的延伸。在遥远的原始部落时期，人们为了获取茶树鲜叶的药效，习惯于直接食用新鲜的茶叶。传说中的神农氏，就是直接将茶鲜叶放入口中咀嚼，以此来解毒。随着时间的推移，到了三国魏晋时期，食用茶叶的方式又有了新的演变。《司隶教》中记载："闻南市有蜀妪作茶粥卖，为廉事打破其器具。"这显示了当时人们已经开始将茶叶与稻米或粟麦混合在一起烹煮，形成一种新的食品——茶粥。同时，《广雅》中也有提及："荆巴间采茶作饼，叶老者，饼成以米膏出之。欲煮茗饮，先炙令赤色，捣末置瓷器中，以汤浇覆之。"表明在这一时期，茶食已经不仅仅局限于茶粥，而是发展出了更多以茶为原料制作的食品。

（2）唐宋时期——茶食品的蓬勃发展。中国的茶文化在唐朝迎来了它的黄金时期，茶成了人们日常生活中不可或缺的一部分。随着茶文化的兴盛，茶叶加工技术也得到了极大的提升和完善。这使得茶食的种类和形式都变得更加丰富多样。除了传统的茶粥外，还出现了许多佐茶的糕点、菜肴和水果等。然而，这些糕点和菜肴大多并不直接掺入茶叶，而是作为佐茶点心独立发展。中唐以后，随着制茶技术的进一步提高和普及，直接煮饮鲜叶的方式逐渐被边缘化，茶圣陆羽提倡的煎饮法开始盛行起来，他认为在饮茶时添加各种作料会破坏茶的本味，因此，他所倡导的清饮方式逐渐成了主流。这种饮茶方式的变化对茶食的发展产生了深远的影响。佐茶的点心逐渐从茶文化中独立出来，成了一种独特的食品类别。茶糕、茶点心等开始大量出现，在官宦人家的筵席上、酒馆、茶肆等场所都经常能见到它们的身影。售卖茶点也成了茶楼的一种重要经营手段。与此同时，以茶代酒的茶宴也逐渐正式化。唐诗中有许多关于唐代茶宴的记载，如钱起的《与赵莒茶宴》一诗生动地描绘了当时茶宴的盛况。白居易的《招韬光禅师》则详细地记录了茶宴上的饮食内容，展现了茶宴朴素淡雅的风尚。与文人雅士的茶宴相比，宫廷茶宴更加奢华气派。

到了宋朝，茶点心的种类进一步增多，形式也更加多样化。这些茶点心不仅口感美味，而且外观精致，成了当时人们日常生活中不可或缺的一部分。据《梦粱录》记载，当时的茶点心种类繁多，包括百味羹、锦丝头羹等各种美味佳肴。这些茶点心不仅满足了人们的口腹之欲，更体现了当时社会的审美风尚和文化底蕴。同时，宋朝的茶宴之风也比唐代更加盛行。宋代的茶宴大致可以分为分茶会、品茗会和茶果宴三种类型。其中，分茶会是一种茶菜、茶饭、茶果与品茗相互配合的正式茶宴；品茗会则更注重茶叶的品鉴和品饮；而茶果宴则是以茶果为主食的茶宴形式。值得一提的是，由寺院制作茶菜并举办的茶宴在宋朝也十分盛行。其中最著名的当属浙江余杭径山寺的“径山茶宴”。这场茶宴不仅规模宏大、菜品丰富，而且注重禅意与茶文化的融合，成了当时茶文化的一大亮点。据《类聚名物考》记载，“径山茶宴”对后世的茶文化发展产生了深远的影响，甚至传至日本后发展成了具备日本风格的高档茶食——怀石料理（也称茶怀石料理）。

（3）明清时期——茶食品的繁荣时代。在明清两代，随着茶文化的深入发展，茶饮在民间得到了广泛的普及。与文人雅士注重品茗的细腻不同，平民百姓更偏爱茶与食物的完美结合——茶食。明代的饮茶方式发生了显著的变化，从宋代的点茶法逐渐演变为与现代相似的散茶冲泡法。这种简便的饮茶方式极大地促进了佐茶食品的多样化和精致化。

在明代，人们已经开始注意到鲜果的香气可能会对茶的清香产生影响。因此，在茶馆中供应的茶点主要以干果和蔬菜加工品为主，这两大类茶食成了当时的主流。明代顾元庆在《茶谱·择果》中详细列举了与茶相宜和相忌的果品，强调了在品茗时应避免使用香气过浓的珍果和香草，以免掩盖茶本身的清香。相反，一些如核桃、榛子、瓜仁等干果则被视为与茶相宜的佐食。

到了清代，茶食的制作进一步创新，材料搭配更加多样化。无论是荤菜还是素菜，都可以与茶叶巧妙地搭配烹调。面点、干果、蜜饯等食品也成了当时流行的佐茶小点。茶食在清代已经真正融入了人们的日常生活，成了大众文化的一部分。

（4）现代——茶食品的新征程。如今，随着人们对健康生活的追求和对茶叶保健功效的深入认识，茶食品的发展也迎来了新的阶段。如果说明清时期是茶食的鼎盛时期，那么现代的茶食则正踏上一段全新的征程。

在日常的烹饪中，人们开始尝试将茶叶与各种食材相结合，运用炒、蒸、炖、焖、煮、凉拌等多种烹饪手法来烹制茶叶。龙井炒虾仁、茉莉花茶竹筒饭、铁观音炖鸭等新式菜肴不仅为餐桌增添了独特的风味，更让人们在品尝美食的同时享受到了茶叶带来的健康益处。

与此同时，含茶饮料在现代社会也逐渐成为一种时尚和流行的选择。在中国的饮料市场中，茶饮料的份额占比已经超过了 20%，市场规模持续扩大。随着消费者消费习惯的转变和对品质的追求提升，茶饮料的消费逐渐从重量向重质转变。现代工艺如萃取、过滤、调配、浓缩、干燥等技术的应用使得茶叶的功能成分得以最大限度地保留在茶饮料中，让消费者在享受美味的同时也能获得茶叶的保健功能和营养价值。

此外，起源于中国隋唐时期的抹茶在现代社会也重新焕发了生机。这种经过超细研磨工艺制成的茶叶超微粉末不仅保存了茶叶最原始的风味和高营养价值，还广泛应用于小吃、零食、菜品甚至化妆品中。将抹茶用于茶食的制作不仅增进了人们对茶饮和茶文化的兴趣，也推动了茶产业的发展和抹茶文化的独特延续。甘甜清爽的茶爽含片也因其携带方便和独特的口感在消费市场上受到了消费者的一致好评。

总的来说，随着现代工业技术的发展和人们对健康生活的追求不断提升，茶食品已经逐渐从过去作为茶叶的配角转变为茶产业中独树一帜的主角。无论是在烹饪中的应用还是在饮料市场中的创新表现都充分展示了茶食品在现代社会的多元化发展趋势和广阔前景。

2. 普洱茶食

茶食制品相较于普通的饮茶方式，对人体健康具有更为独特的作用。这不仅仅是因为茶食能充分利用茶叶水溶物质中的有益成分，更重要的是，它还能将茶叶中那些不溶于水的营养保健成分一并加以利用。通过将茶与食品有机结合，茶食不仅显著地改善了食品的口感和风味，使其不再过于甜腻，而且不同茶类所具有的独特口感和色泽也为食品增添了更为丰富的色、香、味元素。在待客之时，茶与茶食往往会一同登场，它们不仅能为品茗增添趣味，更能生津开胃，作为精美的点心迎接宾客。

云南地区作为茶叶和茶食的重要发源地之一，普洱茶在这里的入膳历史可谓源远流长。许多原始的食用茶叶方法在这里得以延续和传承。在云南的烹饪中，普洱茶经常被用作主料或配料来佐餐，普洱茶的甘醇香气能够渗透到菜肴之中，从而制作出一道道风味独特、营养丰富的普洱茶菜。随着社会的发展和人们生活水平的不断提高，以普洱茶作为美食原料进行加工的形式也在不断创新和变化。如今，我们已经可以品尝到多种多样的普洱茶美食，它们不仅丰富了我们的味蕾体验，更为我们提供了丰富的营养补充。值得一提的是，普洱茶的魅力并不仅仅局限于中餐领域，它还逐渐进入国际视野，其与西式餐点的融合将为我们带来全新的美食体验。

茶作为食物的最初目的是治病。随着人类社会的不断发展和进步，茶的制作和食用方式也经历了从煮、煎到冲泡品饮的演变过程，变得越来越科学和讲究。茶食的发展不仅满足了人们的物质需求，更在精神层面上给予人们以极大的满足。具有营养、保健功能和药理功效的茶食不仅体现了茶与自然之间的和谐关系，更展现了茶与民生之间的紧密联系。因此，倡导茶食文化不仅符合人类科学、文明、进步的发展趋势，更是对造福人类健康和促进社会和谐的有益贡献。

（二）经典普洱茶菜肴

茶与中国菜肴的结合，是一种独具匠心的美食艺术。当优雅的茶香与丰富的菜肴相互融合，便诞生了别具一格的茶料理。制作茶食并非易事，它要求烹饪者对每种茶的特性了如指掌。在烹饪过程中，茶叶或茶汤的用量必须恰到好处。若使用过多，菜品可能会带上苦涩的味道；而用得太少，则又难以凸显茶香的独特魅力。此外，葱、姜、蒜等重口味调料的搭配也须慎之又慎，以确保它们与茶性和健康理念相契合。

普洱茶作为一种既能饮用又能入菜的茶品，具有独特的优势。它不仅能调和滋味、增添色彩，还富含多种药理成分和微量元素，这些物质在油中更易溶解，因此在烹饪过程中能发挥其去腥味、除油腻、清肠胃的功效。普洱茶的加入还能提升肉质的爽滑度，使得菜品肥而不腻。

在制作普洱茶菜肴时，讲究的是搭配与工艺。烹饪者需要充分发挥普洱茶的色、味、香、形、韵、魂六大特点，并根据不同的普洱茶品种设计出相应的菜肴做法。

1．凉拌茶

位于我国云南的西双版纳地区，居住着一个独特的民族——基诺族。这个民族自古以来就用鲜嫩的茶叶制作凉拌茶，并将其作为一道菜肴来享用，如图5-10所示。这种吃茶的方式在其他地方是极为罕见的。

图5-10　凉拌茶

基诺族的凉拌茶不仅食材丰富多样，而且制作过程也相对简单，容易上手。首先需要采集3—4月份的茶树嫩叶，这个时期的茶叶品质最优、口感最佳。除了茶叶之外，还可以添加其他食材，如白参、各种食用菌、新鲜的螃蟹、风干的牛肉干巴、槟榔青、酸蚂蚁蛋、黄果叶、芫荽以及小米辣等。在处理这些食材时，基诺族人民有着独特的方法。对于菌类食材，他们一般会先将其洗净，然后采用“包烧”的方式进行处理，即用大片的植物叶子将食材包裹起来，再放到火堆里烤到适当的程度。而对于山货肉类（如螃蟹、鸟肉、干巴等）和香料植物（如辣椒、大芫荽等），他们则通常会将其烤至微焦，然后舂碎，以便更好地释放出食材的香气和味道。

接下来，将洗净的茶叶嫩叶放在手心里，用力揉碎。将揉碎的茶叶添加到之前准备好的食材中，再注入清凉的山泉水或凉白开水进行搅拌，一碗色香味俱佳的“基诺凉拌茶”就完成了。

这道凉拌茶不仅口感独特，营养丰富，还是基诺族人民传统饮食文化的重要组成部分。在品尝这道美食时，我们仿佛也能感受到基诺族人民对大自然的敬畏和对生活的热爱。

2．打油茶

在风景如画的云南，居住着热情好客的瑶族、彝族等少数民族同胞。他们深爱着一种传统饮品——打油茶，这种充满浓郁民族风味的茶不仅在日常生活中占据着重要的地位，更是在喜庆佳节或亲朋贵客莅临时，被用以表达主人深深的敬意和欢迎。

瑶族人民在做打油茶时，通常会选择耐泡的云南大叶茶作为原料。这种茶叶独特的香气和口感，使得油茶更加醇厚可口。制作打油茶的过程既是一种技艺，也是一种艺术。先将锅预热，然后放入适量的食用油。当油面开始泛起阵阵青烟时，便将茶叶投入锅中，不停地翻炒。这个过程需要掌握好火候和时间，以保证茶叶不被炒焦，同时又能充分释放出茶香。

翻炒片刻后，再加入适量的食盐和芝麻，继续翻炒。食盐的加入可以提味，而芝麻则增添了油茶的香气和口感。随后，加入适量的水，煮沸 3 ～ 5 分钟。这个时间的掌握也是关键，过长或过短都会影响油茶的味道。当茶汤煮沸后，便可以将其连汤带料盛入碗中，如图 5-11 所示。

图 5-11　打油茶

如果打油茶用来宴客或庆典，那么配料的准备就更加讲究了。瑶族人民会事先将香糯米、花生、玉米花、花椒、糖、盐、芝麻等食材炒熟，然后放入茶碗中备好。这些食材的加入不仅丰富了打油茶的口感，也增加了其营养价值。接着，将油炒煮沸过的茶汤滤除茶渣，趁热倒入之前装有各色食料的茶碗中。这样制作出来的打油茶，茶香、油香与各色食料的香味交织在一起，香气浓郁、滋味甘醇，喝上一口就能感受到那沁人心脾的美妙滋味。这不仅仅是一碗茶，更是一份深厚的情感和文化的传承。

3．普洱茶酥红豆

这道特色菜肴独具匠心，将红豆的酥脆与普洱茶的香浓完美融合，呈现出别具一格的风味，如图 5-12 所示。

图 5-12 普洱茶酥红豆

在精心准备这道菜时，先将精选的红豆置于锅中，加入适量的清水，用小火慢慢煮熟。同时，将优质的普洱茶叶用沸水冲泡，使其充分释放出独特的茶香。煮好的红豆和泡好的茶叶都需要沥干水分，以备后用。

将锅预热，倒入适量的食用油。当油温达到七成热时，将红豆和普洱茶与淀粉混合均匀，然后轻轻放入锅中炸制。炸至酥脆金黄后，用漏网捞出，沥去多余的油分。

重新将锅置于火上，放入适量的食用油，将油炒至微微焦香，放入炸好的普洱茶和红豆，快速翻炒均匀。为了增添菜肴的层次感，撒入五香粉、盐和味精等进行调味。最后淋上少许香油增香提亮，翻炒均匀后即可出锅装盘。

这样一盘色香味俱佳的普洱茶酥红豆就做好了。红豆酥脆可口，茶香浓郁扑鼻，两者相得益彰，令人回味无穷。这道菜不仅是一道美味的佳肴，更是一次舌尖上的云南风情之旅。

4. 普洱茶炒包浆豆腐

普洱茶炒包浆豆腐是一道充满云南风味特色的佳肴，它将云南地区独有的两种食材——包浆豆腐和普洱茶巧妙地结合在一起，如图 5-13 所示。这道菜不仅展现了云南独特的食材魅力，更将普洱茶的醇厚香气与豆腐的鲜嫩口感完美融合，令人回味无穷。

图 5-13 普洱茶炒包浆豆腐

包浆豆腐是云南的一种特色豆制品，其内含水分丰富，因此在炸制时需要特别控制油温。为了避免豆腐因高温而炸焦，一般采用离火浸炸的方法，将油锅置于小火上，慢慢将豆腐炸至金黄色。这样炸出来的豆腐表层酥脆，内里却保持了软嫩的口感，非常美味。

作为云南的特产茶叶，普洱茶独特的苦涩味道为这道菜增添了别样的风味。在烹饪前，需要将普洱茶至少冲泡三次，以去除茶叶的苦涩味，并使其香气更加浓郁。处理好的普洱茶叶需要控干水分再进行油炸，这样才能保证茶叶炸出来后酥脆清香。

当包浆豆腐和普洱茶都炸制完毕后，接下来就是炒制的环节了。锅中留底油烧热后，下入豆腐、红豆和普洱茶一起翻炒。在炒制过程中，根据个人口味适量加入盐和辣椒面进行调味。翻炒均匀后出锅装盘即可上桌享用。炸好的包浆豆腐外酥里嫩，而普洱茶也呈现出酥脆清香的特点，两者搭配在一起既美味又营养，是一道不可多得的云南特色美食。

5．普洱茶香鸡

用普洱茶来制作茶香鸡，不仅能使鸡肉散发出浓重的茶香味，还能为其增添一种独特的风味，如图 5-14 所示。

图 5-14　普洱茶香鸡

将普洱茶用纱布袋包起来，沏上一大杯香浓的茶汤，放置一旁备用。准备一只已经处理好的鸡，以及干辣椒、茴香、香叶、肉桂、葱和姜片等丰富的香料。为了使鸡肉充分吸收调料，要用适量的姜片、盐、米酒、生抽、白砂糖和老抽等，反复地揉搓和按摩鸡身，直到鸡肉完全吸收了这些调料的精华。最后，加入姜片、葱段和蒜瓣，再倒入之前泡好的普洱茶汤，让鸡肉在茶香中腌制 30 分钟，使其更加入味。

选用密封性良好、加热温度比铁锅高的砂锅来煲制这道菜。将腌制好的鸡和调味汁一同倒入砂锅，再加入适量的水，水量要刚好漫过整只鸡。大火烧开后转小火慢慢煲煮。

砂锅能均衡而持久地将外界的热能传递给内部的食材，在锅内形成一个相对平衡的环境温度，有利于调味汤汁与食物的相互渗透和融合。在这样的烹饪环境下，鸡肉的味道能得到最大限度的释放和提升，让人品尝到更加鲜美和浓郁的茶香鸡。

6．普洱肘子

普洱肘子（图 5-15），这道融合了传统与现代烹饪技艺的佳肴，将普洱茶的独特风味与猪肘的鲜美完美地结合在一起。

图 5-15　普洱肘子

首先，精选优质的普洱熟茶，置入茶杯中，用沸水冲泡。在冲泡的过程中，茶叶逐渐散发出浓郁的香气，茶汤的颜色也逐渐变得红浓明亮。取第 1 泡至第 6 泡茶汤备用，这是为了确保茶汤的浓度和风味达到最佳状态。

其次，将新鲜的猪肘洗净处理后将其浸泡在之前备好的茶汤中。猪肘在茶汤的浸润下，不仅去除了油腻和腥味，还吸收了普洱茶的独特香气。这个过程需要一定的时间，让茶汤充分渗透到猪肘的每一个细胞中。

最后，将浸泡过的猪肘放入锅中，加入适量的调料和清水，用小火慢慢炖煮。在炖煮的过程中，猪肘逐渐变得酥烂入味，而普洱茶的香气也随着时间的推移越来越浓郁。当猪肘炖煮至软烂时，茶香已经完全融入肉中，形成了一种独特的口感和风味。

这道普洱肘子的魅力在于普洱茶的去油解腻作用与猪肘的鲜美相互映衬。油腻的肘子在普洱茶的浸润下变得清爽可口，而普洱茶则为猪肘增添了一丝独特的茶香。两者的完美结合，既满足了味蕾的享受，又体现了健康饮食的理念。在品尝这道普洱肘子时，人们不仅能品味到普洱茶的醇厚与猪肘的鲜美，还能感受到传统与现代烹饪技艺的巧妙融合。

7. 普洱茶炖排骨

普洱茶与排骨的结合，是一道充满创意与风味的佳肴。排骨本身带有浓郁的肉香，炖煮过程中释放出的汤汁香滑可口，令人食欲大增。而普洱茶，作为一种享有盛名的饮品，不仅具有减肥消脂的功效，还能在烹饪中发挥去油腻、清肠胃的作用。

普洱茶炖排骨（图 5-16），是将普洱茶与排骨一同炖煮的一种独特的烹饪方式。普洱茶能够消除排骨中多余的油脂，使得炖煮出的排骨更加清爽不腻。同时，茶汤的红艳色泽也会渗透到排骨中，使得排骨呈现出诱人的色泽。在品尝时，排骨的软嫩鲜美与普洱茶的香气交织在一起，令人回味无穷。

图 5-16　普洱茶炖排骨

普洱茶搭配排骨的做法多种多样，既可以炖煮，也可以蒸制。在制作时，首先需要准备足量的冷水，将排骨放入锅中，开火煮至将沸未沸的状态，然后换水去除排骨中的血水和杂质，使得炖煮出的汤汁更加清澈鲜美。

将冲泡好的普洱茶叶取出，取茶汤入炖锅。然后加入适量的调料，如盐、生姜、葱等，根据个人口味进行调整。最后，将排骨放入锅中，与茶汤一起炖煮。炖煮的过程中，茶汤的香气会逐渐渗透到排骨中，使得整道菜肴散发出浓郁的茶香。

炖煮好的普洱茶排骨，不仅口感鲜美，而且具有保健功效。普洱茶中的茶多酚和儿茶素等成分有助于降低血脂、抗氧化和延缓衰老，而排骨则富含蛋白质和钙质等营养成分，有助于强身健体。因此，普洱茶炖排骨不仅是一道美味的佳肴，更是一道健康养生的菜品。

8. 普洱茶香虾

普洱茶香虾的独特魅力，在于它将普洱茶的馥郁香气与新鲜虾肉的鲜美完美融合，如图 5-17 所示。这道菜不仅展现了虾肉本身的鲜嫩口感，更在唇齿间留下了难以忘怀的茶香回味。

图 5-17 普洱茶香虾

在制作普洱茶香虾时，要将鲜虾彻底洗净，剪去须和头部的硬刺，以确保食用的口感和安全性。接着，挑去虾线，让虾肉更加干净、无异味。处理完毕后，将虾沥干水分，用酒、姜丝和盐腌制 15 分钟，让虾肉充分吸收这些调料的味道。腌制完成后，再次沥干备用。将普洱茶叶冲泡后，滤出茶汤备用。

在热锅中倒入适量的油，待油温适中时，放入姜丝爆香，然后，迅速放入处理好的虾，用大火爆炒约 30 秒，让虾肉表面迅速变色并锁住鲜味。然后，加入适量的普洱生茶茶叶和红糖，边炒边倒入之前备好的普洱茶汤。盖上锅盖，转小火焖煮 2 ～ 3 分钟，让虾肉充分吸收茶汤的香气和味道。

焖煮完成后，打开锅盖，转回大火继续爆炒。这时，茶汤会逐渐收干，虾肉也会变得更加紧实入味。最后，根据个人口味进行调味炒匀，即可出锅享用。整道菜肴色泽诱人，茶香四溢，虾肉鲜嫩可口，是一道极具创意和风味的美食佳作。

9．普洱茶粥

茶粥又称茗粥，这一传统美食可追溯至唐代。普洱茶粥巧妙地将普洱茶的独特风味与粳米的绵密口感相结合，不仅滋味醇美，更兼具多种养生功效，如图 5-18 所示。

图 5-18 普洱茶粥

第一步，精选 100 克粳米作为粥底，这种米熬煮后口感软糯，与茶香相得益彰。第二步，准备 10 克普洱茶，茶叶的选取尤为关键，它决定了粥品的香气和口感。第三步，根据个人口味，可适量添加木糖醇以增添甜味，同时也可考虑加入莲子、枸杞、茉莉花等食材，丰富粥品的营养和风味。

先将粳米淘洗干净，然后冲泡普洱茶，让茶叶在热水中充分浸润，释放出浓郁的茶香，形成浓汤。最后，在粳米中加入800毫升矿泉水、冲泡好的茶汤及木糖醇，用文火慢慢熬煮并不时搅拌，以免粘底或煳锅，影响粥品的口感和外观。

普洱茶粥的口感独特，甜而不腻，香气清香扑鼻，且易于消化吸收。根据不同的季节和需求，可选择使用生茶或熟茶来熬粥。生茶粥适合春夏季节饮用，具有提神、明目、理气安神、减肥等功效，能帮助人们在炎热的天气中保持清爽和活力。而熟茶粥则更适合秋冬季节，其暖胃、解除疲乏、降脂的功效能为人们在寒冷的天气中带来温暖和舒适。无论是作为早餐还是晚餐，普洱茶粥都是一款美味又养生的食品。

（三）经典普洱茶点心

“点心”这个词语常常用来描述饭前或饭后的小份食物，是一种丰富多样的餐饮形式。经过我国劳动人民的长期实践与不断创新，点心的种类日益增多，每一种都凝聚了精细的制作技巧，呈现出多样的口味。它们虽然形体小巧、量少，但质量上乘，每一口都能带给人们无比的满足感。

普洱茶点心以普洱茶叶或其茶汤为主要成分，再巧妙地融入其他辅料制作而成。普洱茶的独特香气，无论是清香还是陈醇，都为这些点心增添了无法抗拒的魅力。当普洱茶的韵味与面点的口感完美结合时，所带来的便是一种清爽的口感和悦目的色泽，让人在品尝的瞬间就能感受到普洱茶的韵味与点心的美妙融合。

1．普洱生茶团子

将五仁（核桃、腰果、瓜子、芝麻、杏仁）分别炒熟，同时取适量普洱生茶，用茶刀撬成小块，投入干净锅中，以小火慢焙出香。然后把焙香的普洱生茶与五仁、白糖、黄油和蜂蜜混合拌匀，制作成茶香交融坚果香的馅料。将糯米粉用开水搅拌成团状，取一小块糯米团作为皮，包入之前准备好的普洱五仁馅料，然后将其蒸熟。最后，撒上一些椰丝作为点缀，增添口感和视觉效果，如图5-19所示

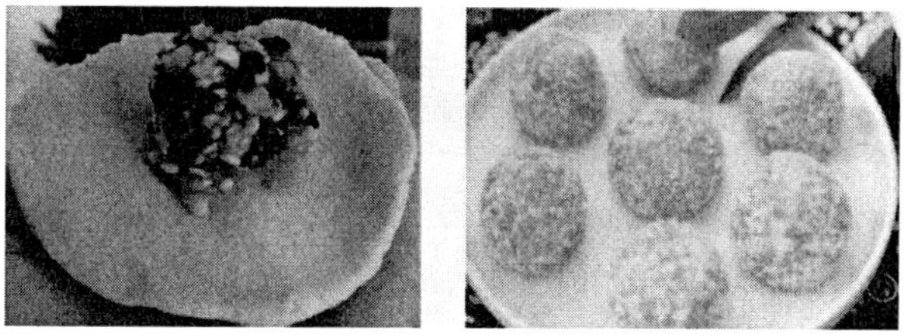

图 5-19　普洱生茶团子

这款普洱生茶团子的特点在于其甜而不腻、香气四溢、口感糯软。它不仅营养丰富，而且将果香和茶香完美地结合在一起，让人在品尝的过程中感受到一种独特的味道。每一口都充满了五仁的醇厚和普洱茶的清香，让人回味无穷。

2．普洱茶香玫瑰紫米糕

普洱茶香玫瑰紫米糕是一款茶点心，由普洱茶、玫瑰、蜂蜜水等食材用开水煮制而成，如图 5-20 所示。

图 5-20　普洱茶香玫瑰紫米糕

（1）普洱玫瑰蜂蜜水的调制。①锅里放入 1 小碗水，放入 1/2 块普洱茶饼。②放入 10 朵玫瑰花。③开火煮至水开后继续煮 10 分钟，至茶叶和玫瑰花发出香味，关火，让水温降至微温。④过滤掉茶叶渣和玫瑰花朵，留下玫瑰普洱茶水倒入碗中。⑤茶水里放入 2 汤匙蜂蜜。⑥用勺子搅拌均匀，调制成普洱玫瑰蜂蜜水备用。

（2）紫米糕的制作过程。①紫米粉中分次倒入调制好的普洱玫瑰蜂蜜水。②把紫米粉与蜜水搅拌均匀成面疙瘩。③握成块的紫米疙瘩放在月饼模具中，用手掌压实压平。④模具倒扣在案板上，用手轻轻向下推动模具手柄。⑤一块漂亮的紫米糕就诞生了。

（四）普洱茶风味小食

1. 普洱风味小食的种类划分

（1）甜点。在品茗的过程中，甜点能够增添口感的多样性，是品茶时的理想伴侣，如图 5-21 所示。在日本，当人们品味抹茶时，常常会搭配一些茶点，比如芝麻糕、花生糕、可可核桃糕和桂花糕等。这些茶点不仅能够满足口腹之欲，还能够与抹茶的味道相互辉映，提升品茗体验。

图 5-21 普洱小黄饼

（2）果脯蜜饯。果脯蜜饯是以新鲜水果或干果为原料，经过茶水和糖分的腌制与烘干后制成的半干食品，如图 5-22 所示。其特点是果实饱满、香甜可口、口味各异。目前市面上常见的茶味果脯有山楂片、果脯皮、苹果片、糖渍冬瓜、杧果干、蜜饯梅子、陈皮干、糖渍杨梅、葡萄干等。这些茶味果脯蜜饯不仅美味可口，还能与茶水相得益彰，增添品茗的乐趣。

图 5-22 普洱梅子果

（3）坚果炒货。坚果炒货按照制作工艺可以分为炒制、煮制和油炸等多种类型。与茶相搭配的坚果炒货包括花生、瓜子、核桃、杏仁、开心果和腰果等，如图 5-23 所示，这些坚果在炒制过程中会加入茶粉或浓茶进行调味，与茶搭配食用，既增添了口感的丰富性，也提升了品茗的享受。

图 5-23　普洱味核桃

（4）其他茶类零食。这类零食以茶叶为基础，如红茶、绿茶、乌龙茶等，制作成茶奶糖和茶胶姆糖等多种形式，如图 5-24 所示，它们色彩诱人，口感清甜不腻，茶香浓郁持久。这些茶类零食不仅满足了人们对美味的追求，同时也能够让人们品味到茶的独特魅力。

图 5-24　茶味糖果

2．普洱风味小食的经典之选

普洱茶因其独特的功效，在日本、法国、德国等国家被誉为“美颜佳饮”和“瘦身良伴”。除了作为传统茶饮外，普洱茶还被巧妙地应用于各种零食和饮品的制作中。

（1）普洱奶茶。普洱奶茶具有一定的降血压以及抗动脉硬化的功效，普洱可以使血管舒张，进而导致血压下降，同时还能减少脑部的血流量，比较适合高血压和脑动脉硬化患者饮用，如图 5-25 所示。

图 5-25　白玉普洱奶茶

普洱奶茶还能为机体提供能量，起到抗坏血病的作用，普洱奶茶主要含有普洱及炼乳，其中炼乳含有碳水化合物及抗坏血酸，因此能够预防坏血酸疾病。

多饮用普洱奶茶还可以起到抗衰老的功效，普洱奶茶中含有儿茶素类化合物及维生素 C 等成分，能够提高人体免疫系统，并清除体内多余自由基，有助于延缓肌肤的衰老。

普洱奶茶的制作方法如下。

①准备普洱茶。可以使用熟普洱茶。将普洱茶用开水快速冲泡清洗，以去除表面的灰尘。

②泡茶。将清洗后的普洱茶放入茶壶中，泡开备用。

③煮茶。在锅中加入适量的水，将泡好的茶水倒入锅中，用小火煮。

④加入牛奶。将牛奶倒入锅中，与茶水混合。

⑤调整比例。根据个人口味，调整牛奶和茶水的比例，通常建议比例为 1 ∶ 1。

⑥加热。将混合后的奶茶用小火加热，直到牛奶的边缘冒出小泡。

⑦过滤茶叶。将煮好的奶茶倒入容器中，用细网勺过滤出茶叶。

⑧调味。根据个人口味，加入适量的糖或其他调味品。

⑨完成。搅拌均匀后，普洱奶茶即可享用。

（2）普洱茶意式冰激凌，如图 5-26 所示。

图 5-26　普洱茶意式冰激凌

材料：普洱茶 50 克、牛奶 530 克、奶油 240 克、奶粉 30 克、葡萄糖粉 60 克、转化糖 20 克、糖 20 克、稳定剂 5 克、瓜尔胶 1 克。

制作方法：将普洱茶和牛奶一起煮开（过滤）；加入奶油、奶粉、葡萄糖粉、转化糖煮至微开；把糖、稳定剂、瓜尔胶一起搅拌均匀加入，加热至 80℃均质、过筛。保鲜纸贴膜冷藏一晚后放入炒冰机，过一会成冰后即可食用。

（五）普洱与酒的融合

1．茶酒概况

茶，被全球医学界广泛认同为一种保健饮品，而酒则可以用于调制各类药酒和滋补酒。茶作为一种无酒精的健康饮品，与酒这种带有刺激性的饮料形成鲜明对比。茶酒，无论是通过酿造还是配制方式制成，都巧妙地融合了酒的独特韵味和茶的清新风味，同时保留了茶的保健功能。

（1）茶酒，为中国独创，是以茶叶为主料，通过直接浸泡或生物发酵、过滤、陈化和调配等工序制作而成的独特风味的酒。

（2）茶酒的种类繁多。依据茶叶种类的差异，可划分为红茶酒、绿茶酒、乌龙茶酒、苦丁茶酒、秦简茶酒、茶花酒等。这些酒大多以茶叶为基础，采用酒精或水浸提，或添加酵母辅助酿造。从酿造方式上看，茶酒可被分为酿造型、浸提型和调配型三种。

（3）茶酒的特色显著。

①茶酒完美融合了茶与酒的特质，带有浓郁的茶香，口感醇厚且爽口，深受消费者喜爱。

②茶酒的酒精含量通常在 10% 以下，适合各个年龄段的人群饮用，市场潜力巨大。

③茶酒是集营养、保健、医疗于一体的多功能饮品。利用茶与酒进行疾病预防，是中国人民千百年来验证的有效方法。

④茶酒的原料来源丰富，生产工艺易于掌握，生产周期短，销售快速，经济效益明显，具有巨大的发展潜力。

2．普洱茶酒概况

（1）普洱茶酒，作为一种独特的饮品，巧妙地结合了普洱茶与酒的魅力。它不仅拥有普洱茶与酒的双重风味，还融合了茶叶的活性成分和营养价值，为消费者提供了一种兼具营养与保健功能的饮用选择。尽管当前市场上茶酒品种繁多，但普洱茶酒仍显得独树一帜。

（2）普洱茶酒的类型多样，涵盖了配制型和发酵型两种。配制型普洱茶酒通过精心调配普洱茶与红酒、白酒、黄酒等，创造出独特而协调的口感。而发酵型普洱茶酒则是以干果和普洱茶为原料，经过蔗糖添加、酵母发酵等工艺，打造出风格独特的复合发酵酒。

（3）普洱茶酒系列产品。

①发酵型普洱茶酒。该品类酒属于纯粮酿造酒。纯粮酿造酒，又名发酵酒或原汁酒，通过酵母的作用，将富含淀粉和糖分的原料进行发酵转化成酒精而形成酒体，其生产流程涵盖了糖化、发酵、过滤以及杀菌等多个环节。

加工工艺：选用优质普洱有机茶叶的新鲜叶片，搭配当地无公害基地产出的玉米、高粱、燕麦等多种谷物及纯净无污染的山泉水为原料精心酿制而成。整个酿制过程中不添加任何化学添加剂，以保证产品的原生态品质。普洱茶清香酒经过独特工艺处理，利用普洱茶中的茶多酚有效分解和减少纯白酒中的有害成分，增强了酒的保健功能，并且还融合了高品质普洱茶本身的保健特性。

特点：普洱茶清香酒色泽清亮，呈无色或微黄色，清澈透明；香气自然纯粹，淡雅宜人；口感醇和甘甜，清爽净冽，极具云南地方特色。重要的是，普洱茶酒并非勾兑酒品，不含食品添加剂、香精等，而是采用优质普洱茶叶经过精细工序酿制出的原浆酒，适量饮用不仅不会伤身，反而有益健康。普洱茶清香酒作为真正能体现云南特色的酒品，是历史上茶与酒完美结合的经典案例，给云南的白酒市场带来了全新的整合与创新，有望成为继“云烟”“云茶”之后，代表云南的又一张新名片。

②配制型普洱茶酒：该类型酒属于调配酒范畴。调配酒是以发酵酒、蒸馏酒或食用酒精为基础，加入可食用的花果、动植物或中药材，或者借助食品添加剂作为增色、增香及增味物质，通过浸泡、煮沸、复蒸等不同工艺制作而成，从而改变了原有基酒的风格特征。

加工工艺：精选优质普洱茶叶，用 60℃～70℃的温水泡开后捞出，迅速冷却至室温，并干燥至含水量低于 7%，得到去除咖啡因的普洱茶叶；将其研磨成粉末，进一步超微粉碎处理得到超微茶粉。

在黄酒中，加入以下原料：制川乌、制草乌、当归、白芷、桃仁、川红花、密陀僧，在常温下浸泡 30～40 天，过滤即得药酒。

将超微茶粉与上述制成的药酒按 1 ∶ 250 的比例均匀混合，再置于 85℃水浴环境中浸提 50 ～ 60 分钟，浸提完成后进行真空抽滤，最后通过微波灭菌处理，包装储存，即完成配制。

特点：茶叶富含多种生物碱、黄酮类、鞣质、维生素、麦角甾醇以及挥发油等营养成分，具有兴奋神经、强心、利尿、杀菌、抗炎等多种功效。将其与中药结合，能够增强人体免疫力，让人们在品味其独特风味的同时，享受到良好的保健作用。

参考文献

[1] 曹文静. 茶鲜叶主要茶用物质的初步研究［D］. 扬州：扬州大学，2014.

[2] 曾小燕，蔡烈伟，刘小煌，等. 我国茶饮料行业现状与发展对策［J］. 蚕桑茶叶通讯，2017（3）：17-19.

[3] 车晓明，陈亮，顾勇，等. 茶多酚治疗骨质疏松症的研究进展［J］. 中国骨质疏松杂志，2015，21（2）：235-240.

[4] 陈保，徐明发，姜东华，等. 不同普洱茶原料渥堆发酵过程中香气成分的变化研究［J］. 食品安全质量检测学报，2018，9（2）：284-293.

[5] 陈梅春，张海峰，潘志针，等. 陈年普洱茶香气成分及清除 DPPH 自由基活性研究［J］. 中国农学通报，2015，31（4）：274-279.

[6] 陈文品，许玫. 普洱茶"陈化生香"及其科学原理［J］. 广东茶业，2014（5）：7-9.

[7] 戴申，鹿颜，余鹏辉，等. 茶叶预防衰老及衰老相关疾病研究进展［J］. 茶叶含学，2019，39（1）：23-33.

[8] 龚雨顺，戴申，黄建安，等. 茶叶的抗衰老作用［J］. 中国茶叶，2019，41（8）：7-11.

[9] 顾小盼，潘勃，吴臻，等. 普洱茶药理作用研究进展［J］. 中国中药杂志，2011，42（11）：2038-2041.

[10] 管俊岭. 贮藏环境与普洱茶风味品质陈化相关性研究［D］. 广州：华南农业大学，2016.

[11] 林金科. 茶叶深加工学［M］. 北京：中国农业出版社，2013.

[12] 卢添林，黄梦姣，程悦，等. 普洱茶水提物体外抑菌效果研究［J］. 现代预防医学，2015，42（2）：313.

[13] 念晓. 干仓贮藏与湿仓贮藏对普洱茶化学成分的影响［J］. 广东化工，2018，45（3）：60-61.

[14] 彭功明. 云南大叶种晒青茶加工技术 [J]. 中国茶叶加工，2019（3）：35-38.

[15] 任洪涛，周斌，秦太峰，等. 普洱茶挥发性成分抗氧化活性研究 [J]. 茶叶科学，2014（3）：213-220.

[16] 孙雪梅，邓秀娟，周红杰，等. 普洱茶贮藏影响因子与品质变化研究进展 [J]. 茶叶通讯，2019，46（2）：135-140.

[17] 孙振杰，王梦馨，崔林，等. 普洱茶香气成分研究进展 [J]. 茶叶通讯，2020，47（1）：13-19.

[18] 单治国，张春花，周红杰，等. 普洱茶膏制作工艺探讨 [J]. 现代园艺，2017（16）：223-226.

[19] 王娜. 普洱茶化学成分研究 [D]. 天津：天津工业大学，2016.

[20] 王茹芸，李亚莉，周红杰. 普洱茶中氨基酸与贮期、级别及品质关系的研究 [J]. 西南林业学报，2012（4）：1222-1226.

[21] 王锐，李勇. 普洱茶的化学成分及生物活性 [J]. 广东化工，2016，43（22）：108-109；119.

[22] 王天禄. 普洱茶茶褐素的分离、抗氧化与体外抑菌研究 [D]. 天津：天津科技大学，2016.

[23] 熊昌云，杨彬，彭远菊，等. 普洱茶抑肥降脂作用比较研究 [J]. 西南农业学报，2018，31（5）：1058-1062.

[24] 许腾升. 仓储中负氧离子对普洱生茶品质的影响研究 [D]. 昆明：云南农业大学，2017.

[25] 薛晨. 原料级别和贮藏时间对普洱茶品质及其生物活性影响的研究 [D]. 合肥：安徽农业大学，2013.

[26] 杨景然. 含茶日化用品消费市场调查 [J]. 中国茶叶加工，2018（2）：49-54.

[27] 杨扬. 协同响应性纳米药物载体的制备及对抗菌消炎的研究 [D]. 杭州：浙江理工大学，2020.

[28] 杨转，郭桂义，王乔健，等. 普洱速溶茶粉的制备工艺优化 [J]. 食品工业科技，2016，37（21）：243-248；254.

[29] 周斌，任洪涛，夏凯国，等. 云南 9 个产地台地茶与老树茶香气成分对比 [J]. 中国农学通报，2010，26（11）：54-60.